ユニバーサルトイレ

Universal Toilet

多様な利用者のための環境デザイン手法

老田智美
田中直人

彰国社

装幀・本文デザイン　髙橋克治 (eats & crafts)

はじめに

　かつて、公共トイレはそのマイナスイメージから４Ｋ（怖い、汚い、暗い、臭い）と表現されていました。まちづくりとして、公共トイレに関心を持つ市民団体や行政、あるいはトイレに関係する専門事業者やデザイナーなどの取組みもあり、近年、これまでのイメージを一新するような事例も数多く登場しています。また、快適で美しいトイレの整備は、施設利用者に対するサービスとしてとらえられるようになりました。

　加えて、従来のトイレ空間に欠落していたバリアフリーデザインは、国や地方自治体による関連法や条例基準がデザインの規範として示されたことで、車いす使用者をはじめとする多様な利用者に対応されつつあります。しかし一方、これまで筆者らが参加してきたワークショップや調査では、身体不自由者をはじめとする多様な方々から、改善に向けた意見や要望が多く挙がるもの現状です。

　筆者らはこれまで、トイレに関する調査研究から得た知見を、関わったプロジェクトで試行しながら検証し、そして新たな提案をするというプロセスを繰り返してきました。トイレは、便器や周辺機器などのモノレベルの配置のみならず、生活環境の一部としてとらえ、計画・デザインされるべきと考えます。近年の新しい材料や新技術とともに、デザインの可能性は大きく、これからも進化するトイレ環境の創造が期待されます。

　本書では、ユニバーサルデザインとして展開する公共トイレを「ユニバーサルトイレ」と称し、筆者らがこれまで行ってきた調査研究をはじめ、公共施設のトイレ計画・デザインから得た知見を紹介し、多様な人々の利用を想定したデザインモデルを提示するものです。

　1章は「日本の公共トイレ」、2章は「属性の違いとトイレ」、第3章は「属性別トイレの計画・デザイン」とし、できるだけわかりやすいビジュアル表現に努め、建築の専門関係者のみならず、トイレやユニバーサルデザインに関心を持つ学生や一般の読者にも具体的に理解していただきやすくなることを心がけています。今後も多くの関係者の皆様と協働し、公共トイレのユニバーサルデザインへのスパイラルアップを図る礎として、お役に立つことを願っています。

　最後に、本書の出版にあたり、その機会をいただき、ご協力ご指導いただいた彰国社の後藤武会長、大塚由希子さん、ならびにこれまで調査研究や各プロジェクトの現場における計画やデザイン、施工などでお世話になった皆様に厚く感謝申し上げます。

老田智美

目次

はじめに ………………………………………………… 3

1章　日本の公共トイレ

1 日本の公共トイレ
1. 公共トイレと4Kイメージ………… 8
2. プライバシーとパブリック………… 10

2 公共トイレの整備の流れ
1. 4Kの解消から機能性・快適性の向上へ………… 11
2. 利用者層の拡大を目指す………… 14

3 公共トイレの課題
1. 公共トイレの整備の流れ………… 21
2. トイレ空間の性能向上を目指して………… 21
3. まちづくりとしての公共トイレ整備………… 24

2章　属性の違いとトイレ

1 男性と女性
1. 公共トイレを進化させた女性のニーズ………… 28
2. 男女の区別を克服する公共トイレ………… 29
3. 男女のトイレ利用時間と便器の数………… 30

2 幼い子ども
1. 乳児から幼児にかけてのトイレ方法………… 31
2. 親子連れに人気の多機能トイレ………… 31
3. トイレを怖がる幼い子ども………… 33

3 お年寄り
1. 足腰の不自由さだけへの配慮では不十分………… 34
2. 視覚や認知機能への配慮………… 34
3. 必要なものを厳選"引き算"のデザインを………… 35
4. 泌尿器系機能への配慮………… 36

4 オストメイト
1. オストメイトとは………… 37
2. ストーマ装具………… 37
3. 排出とストーマ装具の交換………… 38
4. オストメイト用流し台のシャワーは緊急用………… 39

5 肢体の不自由な人
1. 肢体不自由と排泄障害………… 41
2. 多様な車いすの種類………… 42
3. 脊髄損傷者のトイレ方法………… 42
4. 脳性麻痺者のトイレ方法………… 44
5. 脳卒中片麻痺者のトイレ方法………… 46
6. 重度肢体不自由者のトイレ方法………… 47

6 目の不自由な人
1. 目の不自由な人………… 48
2. 全盲者へのトイレ環境配慮事項………… 49
3. 弱視者へのトイレ環境配慮事項………… 50
4. 日本人男性に多い色覚異常………… 51
5. トイレ内設備配置の統一化………… 52

7 耳の不自由な人
1. 耳の不自由な人………… 53
2. 困り事への配慮………… 53
3. 緊急時への配慮………… 55

column
男女"別"トイレと男女"共用"トイレ………… 56

3章　属性別トイレの計画・デザイン

1 多様化するトイレと機能の分散化
1. 多様化するトイレ機能 …… 58
2. トイレ機能の分散化 …… 58
3. トイレブースの種類 …… 59

2 アクセシビリティとロケーション
1. トイレの位置と誘導 …… 60
2. 各トイレの配置 …… 60

3 男性と女性のトイレ計画・デザイン
安全・安心、衛生、快適さ、使いよさ …… 62

4 幼い子どものトイレ計画・デザイン
安全・安心、衛生、快適さ、使いよさ …… 66

5 お年寄りのトイレ計画・デザイン
安全・安心、衛生、快適さ、使いよさ …… 72

6 オストメイトのトイレ計画・デザイン
安全・安心、衛生、快適さ、使いよさ …… 76

7 肢体の不自由な人のトイレ計画・デザイン
安全・安心、衛生、快適さ、使いよさ …… 80

8 目の不自由な人のトイレ計画・デザイン
安全・安心、衛生、快適さ、使いよさ …… 84

9 耳の不自由な人のトイレ計画・デザイン
安全・安心、衛生、快適さ、使いよさ …… 88

おわりに …… 95

「障害者」の表記については、歴史的背景や団体の運動経緯などにより、障害、障がい、障碍などと使われているが、現在、法律など多くの表記において「障害者」が定着している。本書では、混在した表記や一律的に「障がい者」と表記せずに、「障害者」と表記した。

1章 日本の公共トイレ

　公共空間の安全性や快適性の向上を目指した環境デザインの取組みに関連して、日本の公共トイレでは、4K（怖い、汚い、暗い、臭い）の状況を解消し改善する取組みがあった。

　本章では、公共トイレにおけるプライバシーの確保とともに、共用空間の機能性を向上し利用者層の拡大を目指すための、今後の公共トイレの性能向上を図る課題やまちづくりとしての整備の流れを考える。

1 日本の公共トイレ

1. 公共トイレと4Kイメージ

公共トイレの"公共"とは、社会全体に関すること、または公のものとして共有することを指す。公衆トイレという表現もあるが、この"公衆"とは、不特定多数の人を指すことから、だれもが自由に使えるよう設けたトイレである。ほぼ同義語として使われているが、本書では、バリアフリー法（高齢者、障害者等の移動等の円滑化の促進に関する法律）で示されている特定建築物をはじめ、不特定多数の人が利用する施設内に設置されているトイレを「公共トイレ」とし、街角や公園など、屋外空間に設置されトイレのみ独立しているものを「公衆トイレ」として位置づける。

日本の公衆トイレの始まりは、元禄時代、縁日や祭時に人々が至るところで放尿する不衛生に対し、簡単な小屋掛けの「移動便所」を設けたことによるとされている[1]。現在のように行政が管理する公衆トイレは、開港場である横浜に来た外国人に対し、日本人が路傍で放尿する習慣は見苦しいとして取り締まったことから、1871（明治4）年に「公衆便所」の設置を神奈川県が決めたのが最初である[2]。

公衆トイレは公共施設と比べ、公共投資が進まず最も整備の遅れた施設であったとされて

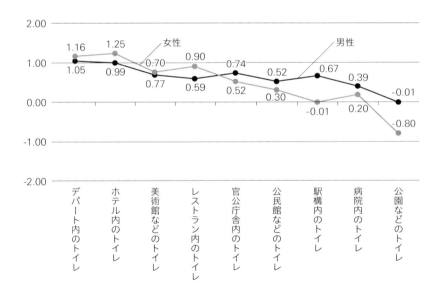

図1 男女別の外出時に利用したいトイレの施設用途
神戸市在住の57歳以上の人399名を対象に2004年に実施したアンケート調査の結果。ホテルやデパートのトイレは性別を問わず"利用したい"と考える人が多く、逆に公園のトイレは少ない。2004年当時、駅舎のトイレは男性には評価が高いものの、女性にはあまり受け入れられていなかった。
（田中直人、老田智美「公共トイレおよび多目的トイレにおける高齢者の利用者意識-公共空間における多目的トイレのユニバーサルデザイン化に関する研究その3-」日本福祉のまちづくり学会第7回全国大会概要集、2004）

いる。それを裏づけるように、文献[1]によると、1987年の新聞投稿欄に「不潔な公衆便所は恥」という外国人の訴えが、当時の厚生大臣宛に掲載されていたそうである。

これまでの「公衆トイレ」は主に自治体が、街角や公園などに設置・管理する場合が多かった。特に広い公園に設置されたトイレは利用者も少なく、清掃や管理が不十分になりがちで、あまり衛生的ではなく、美観的に好ましくない事例もあった（図1）。現在では、公共施設内に設置する「公共トイレ」が主流となっている。

これらの歴史的背景により、トイレは人が生活をする中で必要不可欠な場であるにもかかわらず、「怖い（Kowai）」「汚い（Kitanai）」「暗い（Kurai）」「臭い（Kusai）」の4Kといわれ、敬遠される場所として固定的認識が現状でも残っているのではないだろうか（図2）。

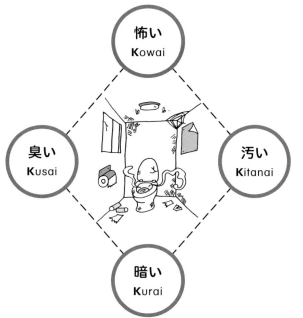

図2　管理が不行き届きの公共・公衆トイレの4Kイメージ

2. プライバシーとパブリック

トイレは排泄の用を足す場である。それゆえ、プライバシーが守られるべき場であり、かつ身体に不自由が生じたとしても、人の手を借りずに単独で使用したい場である。そもそも日本における"排泄行為"は、「衆目に晒されるべきものではない」「人目から排除されるべきもの」として考えられてきた。それにより不特定多数が利用する公共トイレにおいては「プライバシーを守る欲求」が強いと考えられる。また"排泄"自体が「汚いもの」「恥ずかしいもの」ととらえられ、そこに羞恥心が発生する。

その結果多くの公共トイレでは、施設内におけるトイレの設置場所や、そこまでの通路自体を工夫し、トイレ入口が見通せないようにしたり、トイレへの人の出入りやその周辺に人がいること自体が露呈されないように、外に対して内部を遮蔽する壁などを設けたりしている。

しかしユニバーサルデザインの視点から見ると、これらトイレの設置場所には問題がある。ユニバーサルデザインとは、年齢や性別、障害の有無にかかわらず、多様な属性の人が、容易に利用できる環境や空間をデザインすることである。トイレ場所の「わかりやすさ」や「アクセスのしやすさ」は、公共トイレの公共性の視点からの配慮として必要条件である。また「アクセスのしやすさ」の欠如は単に物理的バリアのみならず、場所によっては「近寄りにくい」といった心理的バリアにもつながりかねない（図3）。だれもが、それぞれのプライバシーを確保しながら、不自由なくアクセスできる公共トイレの実現が求められる。

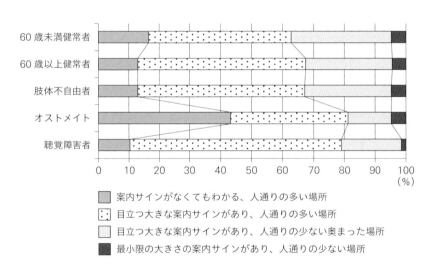

■ 案内サインがなくてもわかる、人通りの多い場所
■ 目立つ大きな案内サインがあり、人通りの多い場所
□ 目立つ大きな案内サインがあり、人通りの少ない奥まった場所
■ 最小限の大きさの案内サインがあり、人通りの少ない場所

図3　身体特性別、外出先施設内における希望するトイレの設置場所

外出先の施設内のトイレの設置場所について、どのような場所を希望するのか、身体特性別に確認した。共通して、60％以上の人が、人通りの多い場所を希望している。外出先のトイレについて特に気を使うオストメイトは、案内サインがなくてもわかりやすいトイレの場所を希望する人が多い。また聴覚障害者は、迷った際に人にたずねることができないので、目立つ大きなサインが必要であり、人の流れがわかる人通りの多さも必要である。
（老田智美「公共トイレのユニバーサルデザイン化に向けた整備手法に関する研究」学位論文、東京大学、2006）

2 公共トイレの整備の流れ

1. 4Kの解消から機能性・快適性の向上へ

1980年代、公共トイレの課題解決は、4K(怖い、汚い、暗い、臭い)に対応した「清潔で美しいトイレづくり」が主眼となった。その後、より4Kに敏感な女性のために、デパートを中心にトイレのリニューアルブームが起こり、これが自治体にも波及し、各地の公共トイレの見直しが行われた。また各地の観光地では、地域らしさや外観にこだわったデザインを取り入れた公衆トイレを建設する動きも起こった。それにより地域のホスピタリティを高める効果につながった(写真4、5)。

4Kの解消から始まった公共トイレの変化は現在、排泄行為の場としてのみとらえず、それに付随する行為が行え、かつ快適に利用できるための空間への変化となりつつある。女性トイレの場合、化粧直しや着替えができ、また乳幼児連れの利用を想定し、おむつ替えや子どものトイレ手伝いが可能な設備も導入されている。近年では、特に子育て世代にも配慮し、男性トイレ内にもおむつ替えができるスペースの確保が一般化しつつある。このような傾向は、多機能化したユニバーサルデザインとしてのトイレのあり方を求めていく大きな契機になっている。

写真4 「モデルトイレ」事業で計画された湊川公園のトイレ
当時、4Kで評判が良くなかった公衆トイレをいかにして改善するか、とりわけ公園などに独立して、箱状の密閉空間として建設される場合に新しい提案が検討された。本事例では、できるだけプライバシーを保持しつつ、外部からの視線が意識されるような見通しを確保することで、風通しを良くし、においの問題解消と監視性を高めることによるセキュリティの向上を図っている。
(神戸市)

写真5 地域性がデザインに取り入れられたトイレ
奄美市の街角の一角に計画された広場の公衆トイレは、地元産の珊瑚石を壁や床の仕上げ材料に使用して、地場の樹木とカスケードを配した水辺をつくるなど、その地域性を演出している。トイレとしての機能だけでなく、地域のランドスケープを創出する施設としての試みである。
(奄美市)

一方、公共トイレの4Kの解消と多機能化には、各トイレ機器メーカーによる技術開発の影響も大きい。温水洗浄便座や自動洗浄機能便器等、衛生的かつ快適なトイレ環境の実現を支える便器や各種水洗設備材料に関する研究・技術開発は、世界の中でも進んでいる（表6）。

現在、外国人観光客が日本のおみやげとして温水洗浄便座を買う時代となった。世界の人から見た日本のトイレはハイテクであり、またそんな便器のあるトイレ環境はクールであるととらえられている。30年以上前の公共トイレのイメージは払拭できたといえるだろう。また、世界に類を見ない超高齢社会がユニバーサルデザインの普及を加速させ、多機能トイレの設置も当たり前となった公共トイレは、負のイメージの4Kという4つのキーワードから、新たに正のイメージの4つのキーワードに変化させる時期にきている（図7）。

（1）安全・安心

他人から危害を加えられたり、プライバシーを犯されることなく、安心して利用できる安全性を備えることが重要である。そのために「防犯設計指針」の考え方にもとづくトイレの環境における領域性や監視性の確保が重要である。これまでのプライバシーを守る発想から閉鎖的な空間になりがちな部分をあらためる必要がある。必要な介護や見守りが得られることも利用者にとって安心できるトイレの条件である。

（2）衛生

排泄物およびこれらに起因する様々な汚れやにおいなどの不衛生な状況は、トイレの宿命のように考えられる。清潔に保持される健康空間としてのトイレがこれまでのマイナス4Kの中でも最も基礎的な課題である。

表6　トイレ環境・便器の歴史的変遷

縄文・平安時代		《日本のトイレの起源》 川に直接用便する「川屋」（厠の語源）
鎌倉～江戸時代		《貯糞くみ取り式便所が主流に》
明治時代		《文明開化と洋風便器》 腰掛け式の洋風便器 後には、水洗式の便器の輸入 1904年　日本初の和風水洗大便器、洋風小便器製造 1914年　日本における水洗便器の始まり
1920年代 （大正9年～）		《浄化槽や下水道の整備》 震災復興のために非水洗の大小便器などの衛生陶器の特需 浄化槽や下水道の未整備が問題に。徐々に整備される
1950年代 （昭和25年～）	1953年	衛生陶器に関わる日本工業規格（JIS）が一本化
		《日本住宅公団設立》
	1955年	和風両用便器を採用
	1959年	日本住宅公団が洋風便器を採用。普及のきっかけに
1960年代 （昭和35年～）	1964年	温水洗浄便座が輸入発売される
	1967年	日本住宅公団が洋風便器（密結タンクタイプ）を採用。普及のきっかけに
		《温水洗浄便座の国産化が始まる》
	1967年	伊奈製陶（現：株式会社LIXIL）
	1969年	東洋陶器（現：TOTO株式会社）
1980年代 （昭和55年～）	1982年	TOTOの「おしりだって洗ってほしい」CM
2000年代 （平成12年～）		便器清掃性・清潔性が向上

（一般社団法人レストルーム工業会「トイレ年表」より抜粋）

(3) 快適さ

マイナスの空間イメージをなくすだけでなく、多くの利用者の身体的条件や心理的条件を考慮して、さわやかなイメージを備えた快適性を追求する。快適性のレベルや幅は広く、多様である。何をどこまで考慮すべきか、五感を刺激するようなデザイン導入とともに社会や時代の価値観や文化性にも目を向ける必要がある。

(4) 使いよさ

以上の(1)から(3)はいずれもこれまでの4Kが抱えてきた課題を解決する方向性である。ユニバーサルトイレとしてはこれに加えて、より多様な人の身体条件や心理条件を考慮した使いやすさを追求する必要がある。利用者層の拡大を図る方向性である。

この新たな4つのキーワードをもとに、これからもさらに高まるであろう公共トイレへの要求レベルに対応しなければならない。施設としてのハード面のデザインと併せて、利用者の心地よさが図られるサービスやしくみの改善も並行して進めなければならない。

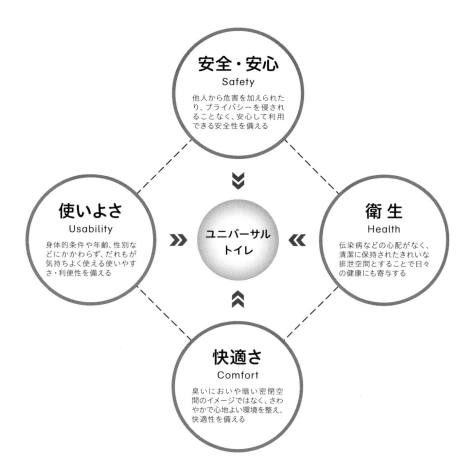

図7 トイレの4Kに代わる新たなキーワード
これらの取組みによって、確実にこれまでの4Kではなく、快適で、衛生的で、安全・安心な新たな4Kのトイレの実現に結びついてきたといえる。今後は加えて、だれもが気持ちよく使える使いよさ(Usability)を追求することが重要になると考えられる。

2. 利用者層の拡大を目指す

これまでの4Kの課題への対応に加え、すべての人に着目して、「だれでも使える」という視点から、フォーオールの課題に対応するユニバーサルデザインとしてのニーズをさらに追求する必要がある。

(1) 国際シンボルマークで障害者が使える公共トイレを示す

これまで障害者は外出時に使えるトイレが少なくて不自由することが多かった。まちづくりとしても生活者の行動範囲を拡大するためにも「使える公共トイレ」は重要な要素である。障害者のための国際シンボルマークは障害者が利用できる建築物、施設であることを明確に表すための世界共通のシンボルマークである（図8）。1969年、アイルランドのダブリン市で開催された国際リハビリテーション協会（Rehabilitation International）の総会で採択されている。車いすをデザインしたものであるが「すべての障害者を対象」としたもので、車いすを使用する障害者に限定するものではない。

「障害者が利用できる建築物、施設であること」を示すためにマークを使用するには、**①建築物へのアプローチに支障がないこと、②入口が利用できること、③施設が利用できること**、などの条件を満たさなければならない。具体的には、表9に示す条件が必要である。トイレはその中で重要な要素として規定されているが、その内容は当時の実現可能な最低基準である。障害者が使えると言いながらも、実際は身体障害者に限定されており、車いす使用者を想定していたことは明白である。

(2) 条例や法基準で身体障害者向けとして車いす使用者向けトイレを設置

日本では1970年代前半に福祉のまちづくりとして、車いす使用者をはじめとする障害者の外出行動を支援する生活環境のバリアフリー化の運動が各地で展開され始めたが、障害者が使えるトイレは、車いす使用者を中心にして検討された。

車いす使用者がトイレを使おうとしても、①トイレまで近づくことができない、②トイレブースに入ることができない、③トイレの中で方向転換

図8　国際シンボルマーク
国際リハビリテーション協会が1969年に定めたマークで「障害者が利用できる施設であること」を示している。

箇所	規定内容
玄関	地面と同じ高さにするほか、階段の代わりに、または階段のほかにスロープ（傾斜路）を設置する
出入口	80cm以上の幅とする。回転ドアの場合は、別の入口を併設する
スロープ	傾斜は1/12以下とする。室内外を問わず、階段の代わりに、または階段のほかにスロープを設置する
トイレ	利用しやすい場所にあり、外開きドアで、仕切り内部が広く、手すりがついたものとする
通路・廊下	130cm以上の幅とする
エレベーター	入口幅は80cm以上とする

表9　国際シンボルマークの規定内容

などができない、④使える便器がない、⑤使えるスイッチ・ボタンがない、⑥使える手洗い・鏡がない、などこれまでのトイレでは使用できないという現状があった。

　1975年、国は「身体障害者の利用を考慮した設計資料」を作成し、車いす使用者向けのトイレについて、そのプランや配置計画などを示している。また1982年には「身体障害者の利用を考慮した設計標準」が作成されている。

　一方、地方自治体では、福祉に関する条例化が進んでいた。たとえば神戸市では「神戸市民の福祉を守る条例」(1977年)を受けて都市施設整備基準の中で一定の用途や規模以上の建築についてバリアフリーが義務づけられている。その中で車いす使用者向けトイレの設置が規定され、建築設計マニュアルとして例示されている(図10)。

　その後、全国の地方自治体において、同様の整備要綱や条例が策定された。これらの要綱や条例においても公共建築のトイレを車いす使用者が使えるように整備することが盛り込まれた。

　実施においては、多くは既存のトイレの改修もしくはその近傍への車いす使用者向けトイレの増設であったが、新築時においても、施設の種類や規模に応じて求められるバリアフリーのひとつとして、トイレの整備が含まれている。そのような経緯で一般便房とは別に、車いす使用者を前提とした障害者トイレを設置することになったのである。

　その際、既存施設に追加する場合が多かったため、施設によっては既存トイレと離れたわかりにくい場所となり、設置者にすれば「設置してあげた」、けれど利用者からは「離れていて使いにくい」という声があった。これらのトイレの利用のされ方は「障害者専用トイレ」で、一般の利用はお断りする管理形態が大半であった。通常はあまり利用されないので、管理上の安全対策として、普段は施錠し、必要な場合に使用させるという方式の例も多く、物置き的な使われ方やメンテナンスが行き届かない状況もあった。

　都道府県レベルでは1992年に兵庫県が「福祉のまちづくり条例」を、同年、大阪府が「大阪府福祉のまちづくり条例」を制定し、以降47都道府県において福祉のまちづくり条例が制定されている。条例が制定された翌1993年に発行された「大阪府福祉のまちづくり条例設計

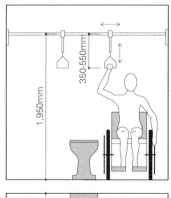

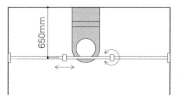

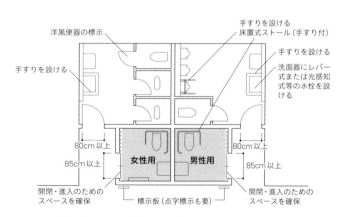

図11　大阪府の男女の性区分を尊重し、男女トイレ内にそれぞれ車いす対応型便房の設置を求めたトイレプランの例
（大阪府「福祉のまちづくり条例設計マニュアル」1993）

図10　初期の車いす使用者対応トイレの例
（神戸市「身体障害者の利用を考慮した建築設計マニュアル」1976）

マニュアル」での障害者対応トイレでは、障害者の性別にも配慮し、男女別の車いす対応型便房の設置を求めている（図11）。また同年に発行された兵庫県「福祉のまちづくり条例に基づく施設整備マニュアル」では、障害者対応トイレの定義として、一般トイレ内に設置する広めのトイレである「車いすで利用できる便房」と、一般トイレとは別に設置する「車いすを使用する者専用の便房」の2つを表記している。

条例や法基準にもとづいて、車いす使用者を対象とした公共トイレの一定の性能を確保する整備は進展したが、車いす使用者以外の使用者を含めた利用の拡大を図る取組みは十分とはいえない。

（3）すべての人の利用を目指した多機能トイレの登場：専用から共用へ

車いす使用者「専用」の考え方の「障害者専用トイレ」はのちに、車いす使用者など障害者の使用を「優先」しながらも、健常者の使用も可能で、空いていれば利用できる「障害者優先トイレ」、さらに多様な使用者の要求を満たす設備類を受け入れ、障害者・健常者の区別なく、だれでも利用できる「共用トイレ」に変化していった。特定の車いす使用者をはじめ、障害者と呼ばれる人もそうでない人も利用できる視点から、利用できる対象者を拡大する動きに合わせて、トイレの名前も「多目的トイレ」あるいは「多機能トイレ」「だれでもトイレ」などとなり、併せてトイレサインの表示内容も変化している（図12）。

設備としては、車いす使用者が使うために必要な直径1.5mの内接円の空間の確保と、それに追加して、更衣台やおむつ替えベッド、オストメイト用洗浄器具などを設置するようになった。

1994年に施行されたハートビル法では、トイレに関して、基礎的基準では、「ア）便所を設ける場合には、車いす使用者用便房を当該建物に1以上設ける。イ）床置式小便器を当該建物に1以上設ける」、誘導的基準では、「ア）便所を設ける場合には、車いす使用者用便房を各階の便房数の原則2％以上設ける。イ）各階の便所には、床置式小便器を1以上設ける」という内容であった。

2003年にはハートビル法が改正され、それに伴い同年、「改訂版・ハートビル法建築設計標準」が発行されている。ここではこれまでの「車いす使用者用便房」とともに「多機能便房」が表記されている。便房内のスペースや出入口幅員、手すり高さなどに関する項目は、1992年に兵庫県や大阪府で初めて制定された福祉のまちづくり条例の基準とほぼ同じである。一方、多機能化に伴い、乳幼児用のベッドやオストメイト用の流し台の設置も表記されており、身体が不自由な人に限定せず、多様な利用者ニーズに対応することが求められている（図13、14）。

図12　優先利用を示すサイン（左）と、だれでも利用可能なことを示すサイン（右）例
文字と多様な人を示すピクトグラムで構成されている多機能トイレサイン

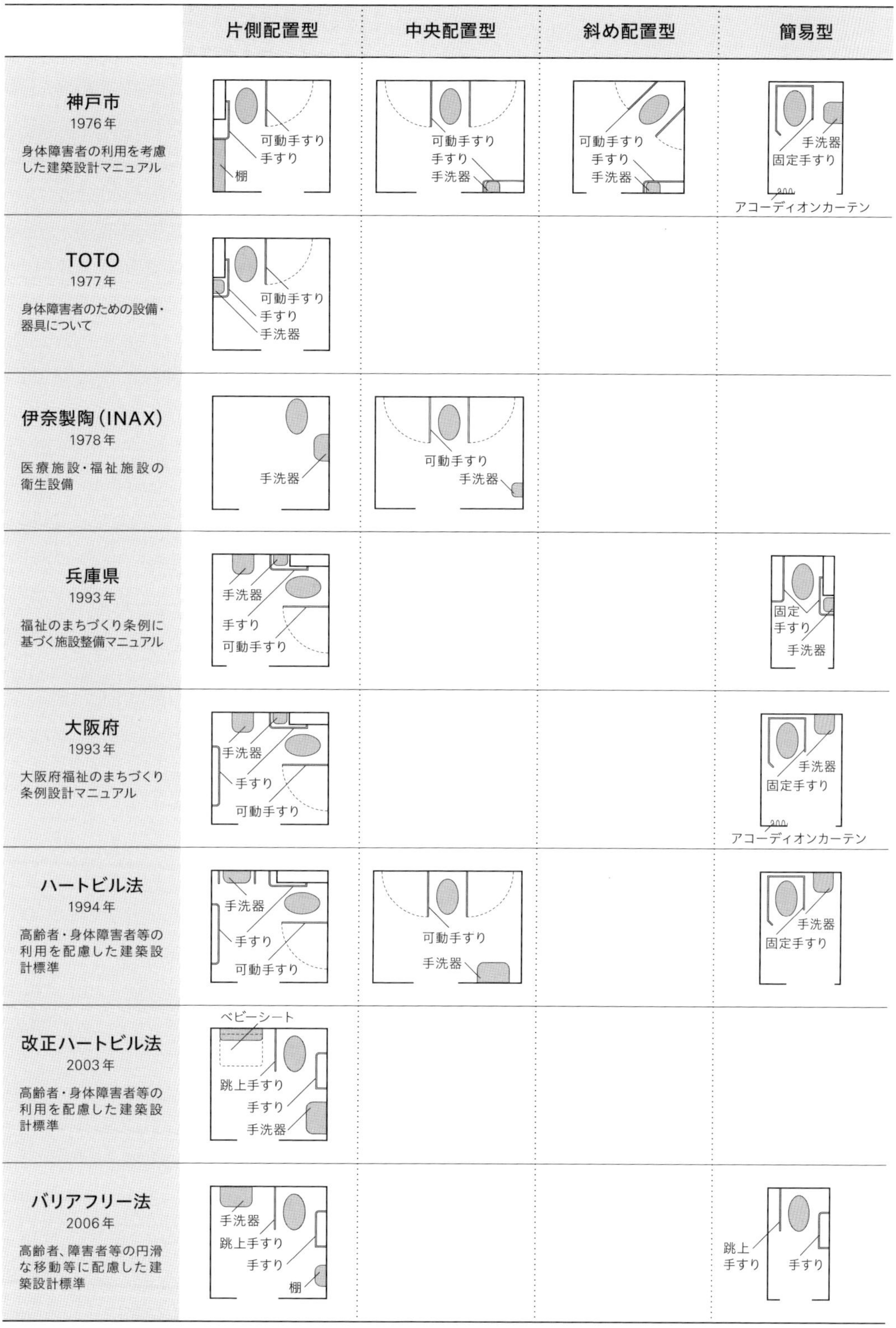

	片側配置型	中央配置型	斜め配置型	簡易型
神戸市 1976年 身体障害者の利用を考慮した建築設計マニュアル	可動手すり／手すり／棚	可動手すり／手すり／手洗器	可動手すり／手すり／手洗器	手洗器／固定手すり／アコーディオンカーテン
TOTO 1977年 身体障害者のための設備・器具について	可動手すり／手すり／手洗器			
伊奈製陶（INAX） 1978年 医療施設・福祉施設の衛生設備	手洗器	可動手すり／手洗器		
兵庫県 1993年 福祉のまちづくり条例に基づく施設整備マニュアル	手洗器／手すり／可動手すり			固定手すり／手洗器
大阪府 1993年 大阪府福祉のまちづくり条例設計マニュアル	手洗器／手すり／可動手すり			手洗器／固定手すり／アコーディオンカーテン
ハートビル法 1994年 高齢者・身体障害者等の利用を配慮した建築設計標準	手洗器／手すり／可動手すり	可動手すり／手洗器		手洗器／固定手すり
改正ハートビル法 2003年 高齢者・身体障害者等の利用を配慮した建築設計標準	ベビーシート／跳上手すり／手すり／手洗器			
バリアフリー法 2006年 高齢者、障害者等の円滑な移動等に配慮した建築設計標準	手洗器／跳上手すり／手すり／棚			跳上手すり／手すり

図13 車いす使用者用便房のプランの変遷

1970年代のプランでは、便器が便房内の中央にある「中央設置型」が表記されているが、1993年の兵庫県および大阪府の「福祉のまちづくり条例に基づく施設整備マニュアル」以降、便器の「片側配置型」が主流になった。
（老田智美「公共トイレのユニバーサルデザイン化に向けた整備手法に関する研究」学位論文、2006）

1976年　「身体障害者の利用を考慮した建築設計マニュアル」（神戸市）

- 便房内で車いすが1回転して出られることが必要であり、200cm×200cm以上のスペースが必要。
- 水平手すりの高さは車いすのアームレストと同じ高さ程度の65〜70cmとし、垂直手すりは65〜150cmの範囲に立ち上げる。
- 手すりの材質はステンレス製又はメッキ仕上げがよい。
- 便器は腰掛式便器とし、便座高さは42〜45cmがよい。
- フラッシュバルブは便器に腰掛けた状態で手が届くようにする。
- 手洗い、荷物置き場、鏡を設け、失敗時用にハンドシャワーを設けるのが望ましい。

1977年　「身体障害者のための設備・器具について」（TOTO）

- トイレの広さは車いすで回転できるスペースがあることが基本条件である。
- 便器は腰掛便器が好ましく、便座の高さは車いすの座面高さくらいまで高くした方がよい。
- フラッシュバルブは便器に座った状態で手の届く横壁に設置するのが望ましい。
- 水平手すり高さは車いすのアームレストと同じ高さ（650mm程度）がよい。
- 便器周囲の手すりは、各種の障害者が使用できることを考慮しコ字形が理想的であり、壁と手すりの間には握った指が入る程度の空間（40mm程度）が必要。

1978年　「医療施設・福祉施設の衛生設備」（INAX）

- 出入口の幅はドアが引戸又は外開きの場合900mmなければならない。戸が内開きの場合には（杖使用者）最小限900×1700mm（奥行）必要である。
- 便所内は2000×2000mmぐらいの大きさが必要である。
- 手洗い器は腰掛けた状態で手が洗えるような位置に設置する。手洗い器は特に幅の広い方が使いやすい。
- ペーパーホルダーも手の届く範囲内に設置する。便器から壁までの距離が広すぎる場合、手すりなどにペーパーホルダーを取り付ける。

1993年　「大阪府福祉のまちづくり条例設計マニュアル」（大阪府）

- 車いす使用者が利用可能な広さを有するものとし、出入口の幅を85cm以上とする。
- 出入口を引戸とし、構造上やむを得ない場合にあっては外開き戸とする。
- 洋風便器を設ける。
- 手すりを設ける。
- 靴べら式、光感知式等による大便器洗浄装置を設ける。
- 車いす使用者用便所は、健常者も使用してよいことも示す。
- 手洗器は便座に腰掛けたまま使用可能な位置に設ける。

図14　車いす使用者用便房に関する基準内容の変遷
1994年のハートビル法までは、「車いす使用者用便房」の主な対象者は身体障害者であるが、2003年の改正以降、高齢者が追加されている。
（老田智美「公共トイレのユニバーサルデザイン化に向けた整備手法に関する研究」学位論文、2006）

1993年 「福祉のまちづくり条例に基づく施設整備マニュアル」(兵庫県)

- 出入口の有効幅員は85cm以上とし、内寸法は長辺180cm以上で短辺120cm以上又は長辺160cm以上で短辺140cm以上とする。
- 戸は引戸又は外開き戸式とする。便房の戸は一般便房同様にプライバシーを確保し、障害者以外にも利用しやすい便房とする趣旨から、アコーディオン型又はカーテン型ドアは用いない。
- 便器は腰掛式とし、便器の両側に手すりを設置する。
- 便器の洗浄装置は、靴べら式、光感知式等操作が容易なものとする。
- 出入口付近に車いすで利用できる便房を設置している旨を表示する。

1994年 「ハートビル法(高齢者、身体障害者等が円滑に利用できる特定建築物の建築の促進に関する法律)」

- 不特定かつ多数の者が利用する便所を設ける場合においては、車いす使用者用便房を1以上(男子用及び女子用の区別があるときは、それぞれ1以上)設けること。
- 車いす使用者が円滑に利用することができるよう十分な床面積が確保され、かつ、腰掛便座、手すり等が配置されている「車いす使用者用便房」が設けられていること。
- 車いす使用者用便房の出入口及び当該便房のある便所の出入口の幅は、内法は80cm以上とすること。
- 車いす使用者用便房の出入口又は当該便房のある便所の出入口に戸を設ける場合においては、当該戸は、車いす使用者が円滑に開閉して通過できる構造とすること。

2003年 「改正ハートビル法(高齢者、身体障害者等が円滑に利用できる特定建築物の建築の促進に関する法律)」

- 不特定かつ多数の者が利用し、又は主として高齢者、身体障害者等が利用する便所を設ける場合には、そのうち1以上は、車いす使用者用便房を設けなければならない。
- 便所(男子用及び女子用の区別があるときは、それぞれの便所)内に、車いすを使用している者(車いす使用者)が円滑に利用することができるものとして国土交通大臣が定める構造の便房(車いす使用者用便房)を1以上設けること。
- 車いす使用者用便房が設けられている便所の出入口又はその付近に、その旨を表示した標識を掲示すること。
- 出入口基準の確認

2006年 「バリアフリー法(高齢者、障害者等の移動等の円滑化の促進に関する法律)」

- 不特定かつ多数の者が利用し、又は主として高齢者、障害者等が利用する便所を設ける場合には、そのうち1以上(男子用及び女子用の区別があるときは、それぞれ1以上)は、車いす使用者用便房を設けなければならない。
- 便所内に、車いすを使用している者(車いす使用者)が円滑に利用することができるものとして国土交通大臣が定める構造の便房(車いす使用者用便房)を1以上設けること。
- 便房内に、高齢者、障害者等が円滑に利用することができる構造の水洗器具を設けた便房を1以上設けること。
- 車いす使用者用便房及び当該便房が設けられている便所の出入口の幅は、80cm以上とすること。
- 車いす使用者用便房及び当該便房が設けられている便所の出入口に戸を設ける場合には、自動的に開閉する構造その他の車いす使用者が容易に開閉して通過できる構造とし、かつ、その前後に高低差がないこと。

さらに2006年に施行されたバリアフリー法におけるトイレに関する項目では、オストメイト対応が追加された。

(4) 多機能トイレの課題

多機能トイレの機能の充実により、車いす対応トイレを使う予定であった利用者が、使いたいときにほかの利用者に占用されていて使えないという事態が多く発生した。ここで、「特定の身体特性に対応できるトイレ」と「だれもが使えるトイレ」という2つのあり方をどのように両立させるかということがユニバーサルデザインとして重要な課題となり、多様化するトイレの状況をふまえて、多機能トイレの利用集中を回避する機能分散の考え方が公共トイレの計画課題となってきた。

2006年に施行されたバリアフリー法にもとづき、国土交通省より2007年に発行された「高齢者・障害者等の円滑な移動等に配慮した建築設計標準」では、ハートビル法における従来の考え方を一部見直し、①**個別機能に応じた専用便房の設置**、②**多機能便房と簡易型機能を備えた専用便房の設置**、③**多機能便房のみの設置**、などの計画検討の方向性を示している（図15）。

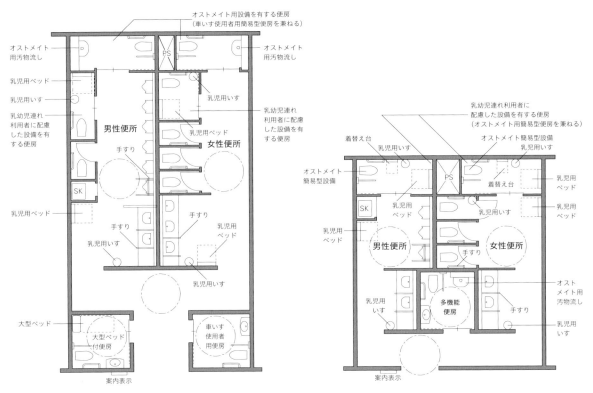

2つ以上の多機能便房と簡易型機能を備えた便房の設置プラン例。
2つ以上設置された多機能便房とは別に、利用者の分散を図る観点から、一般便房よりも広い、車いす使用者用やオストメイト用の簡易型機能を備えた便房と乳幼児連れ利用者に配慮した設備を有する便房を併せて設置することが示されている。

1つ以上の多機能便房と簡易型機能を備えた便房の設置プラン例
施設用途や設置広さに配慮し1つ以上の多機能便房を設置したプラン例。しかし、この場合も利用の集中を軽減する観点から、できる限り複数設置することが望まれている。

図15　バリアフリー法にもとづくトイレプラン例
近年の多機能便房への利用者集中傾向もふまえ、多機能便房の機能の分散を促したプラン案が求められている。（出典：国土交通省「高齢者、障害者等の円滑な移動等に配慮した建築設計標準」2012）

3 公共トイレの課題

1. 公共トイレの整備の流れ

公共トイレの整備については、4Kに代表される公共トイレのマイナスイメージ解消を目指す取組みと、高齢者や障害者をはじめとするより多くの人の利用を促進することを目指す取組みの2つの流れが確認できる（図16）。

2. トイレ空間の性能向上を目指して

(1) 和式便器から洋式便器へ

かつて日本では、公園や駅などの公共トイレでは「和式便器」と呼ばれるしゃがみ込むスタイルで用を足す便器が一般的であった。しかし身体に大きな負担がかかる高齢者や障害者には「洋式便器」と呼ばれる腰掛け式便器のほうが推奨される。当初は直接身体が触れる便器に対して不快感を抱き、使用を避ける傾向があったが、家庭での普及もあり、次第に不特定多数が利用する公共トイレにおいても使用することが一般化してきたといえる。しかしながら、依然として従前の「和式便器」を要求する利用者もあり、便器の数とともに種類の選択においても計画課題を残している。

(2) 大便器と小便器

女性は大便も小便も同一の便器で行うのに対し、男性は大小によって異なる便器で行うのが一般的であった。しかしながら、小便器を使用せず、女性と同様に小便の場合も大便器を使用

表16 公共トイレの整備に関する経緯

社会の動き	公共トイレの整備	ねらい ①4K解消 ②利用者の拡大
管理しやすいトイレ 衛生感	和式便器のトイレ	高齢者・障害者が使えない…② おしりが触れず清潔 メンテナンスしにくい・汚れやすい…①
4K対策	モデルトイレづくり	豪華トイレ、トイレコンクール…① 景観とモデルトイレ…①
福祉のまちづくり	車いす使用者向けトイレ	一般トイレに障害者専用トイレを付加…① 低い利用率
車いす使用者 多様な障害者、子連れ	多目的・多機能トイレ 一般トイレの洋式便器	広い空間に多機能対応、数量限定…② 子ども、オストメイト対応 利用者増加で車いす使用者利用困難
女性、家族の利用	アメニティトイレ…① パウダーコーナー、キッズトイレ、授乳室	より多くの利用者の快適性・利便性追求
利用者増加に対応 より多くの利用を促進	多機能トイレの見直し…② 一般トイレへの分散利用	多様な設備の見直し 一般トイレの機能アップ

（国土交通省総合政策局安心生活政策課「多様な利用者に配慮したトイレの整備方策に関する調査研究報告書」2012　をもとに作成）

する利用者も増えつつある。これは家庭のトイレにおいて大小を区別して便器を設備する事例が減少していることも原因のひとつと考えられる。公共トイレにおいて、男女の比率や大小の比率をどのように算定するかは重要な計画課題である。

（3）自動化

トイレではできるだけ、手や指でトイレ装置に触れたくない、つねに清潔な状態であってほしいとだれもが願うが、困難な課題も多い。水洗化はもとより、使用後の洗浄においても自動化することによって衛生的に処理できる。一方で、環境保護の視点から節水対策が求められる。どこまで自動化することが合理的であるか、利用者の身体的状況によっても異なる。

視覚的に識別できない視覚障害者に対して、すべての自動化が適切とは限らない。自動化されたシステムの内容が十分に理解されるような標準化や単純化が求められる。まずはすべて自動化の方向で計画する前に、手動を原則として洗浄装置のボタンやレバーの形状や操作方法、区別などをわかりやすくデザインしなければならない。

新設、改修されたトイレではセンサーで人体を感知して自動で洗浄する便器が普及し、「公衆トイレ」においても大便器、小便器ともにトイレ空間の性能の向上が図られ、管理上の改善が実施されつつある。公共トイレは一般開放だからこそ必要な維持、清掃が適切に行き届くことが基本である。

（4）手すり

身体の保持や空間の位置関係を把握する装置として、手すりは有効なもののひとつであるが、どのようなものをどこまで設置すべきか、課題が残る。建築人間工学的に多様な利用者の身体姿勢や動作寸法など、それぞれの状況を把握した上で検討したい。手すりを固定式とするのか可動式とするのか、その方向はどうするのか、寸法や形状についても再検討したい。多機能トイレや小便器まわりなどの手すりのあり方について、既存の条件だけでは満たされない利用者の存在も考慮したい。

（5）車いす対応のスペース

当初の車いす使用者の利用を前提としたトイレの寸法では、直径1.5ｍの円が内接することを基本として、おおよそ2ｍ×2ｍのスペースを計画してきた。ここに、多機能として、おむつ替えベッドやオストメイト対応設備など、種々の装置や設備が付加されることで、便器や手すりの取付け状況もあり、車いす使用者にとって、使い勝手が悪い状況が生まれている例もある。基本的な利用者の建築人間工学的な視点からの検討を忘れてはならない。

（6）女性対応・化粧・身づくろい

公共トイレの問題で、特に女性からは安全性や衛生面における４Ｋに関する改善要求が強いが、本来の排泄機能に限定されず、女性対応としての化粧や身づくろいなどの機能や快適性を充足する配慮も求められる。おしゃれな空間で身も心もすっきりと整えることができるアメニティ空間が求められている。もちろん基本的な安全・安心を充足するための、防犯への配慮は不可欠である。

（7）子ども・子連れ対応

男女共同参画の流れの中で、子どものトイレ事情をふまえたトイレづくりも重要である。女性トイレまわりだけでなく、男性トイレにおいても同様に子どもの利用を考慮することが求められる。乳児・幼児から学童まで子どもの年齢や身体状況によって、求められる空間は異なる。場合によっては親子での利用や授乳のための空間を備えることも必要になる。個室内に幼児を座らせておく椅子や、ベッド、おむつを替えるためのスペースを設けている所も多い。乳幼児などの子どもが公共トイレを使用するには、おむつを使用している段階から、おまるを使用する段階、

そしてトイレで排泄ができる段階など多くの状況を想定しなければならない。トイレに入ることさえ嫌がる状況もある。母親がトイレを使用するときにも一緒にいないと泣き出すこともある。どうすれば機嫌良くトイレを使用してくれるようになるか、トイレ空間のつくり方にも工夫が必要である。

(8) 利用者の荷物

多様なトイレ利用者は、何らかの持ち物を所持している場合が多い。その内容は、身体を保持する杖類をはじめとする各種の補助具、傘、ベビーカー、手荷物、保冷を要する荷物、衣類など様々で、大きさや種類も色々である。これらをトイレ内に持ち込むのか、外部に保管するのか、それらに必要とされるスペースや状況を考慮する必要がある。現実的にはトイレ内にこれらをすべて充足するだけのスペースの余裕はない。

(9) 多機能トイレと一般トイレの関係

多機能トイレは「多目的」なトイレであるが、それぞれの要求にどのように応えるか、すべての高度な要求に対応することに限界がある場合に、当事者にとって中途半端なトイレになるおそれもある。一方で、すべてのトイレをだれもが使用できるようになっていれば、ユニバーサルデザインとして何も問題はないが、本当に多機能トイレを必要とする人たちが使用できない状況を生み出す結果となる。使用する人の種類と規模に応えた計画でなければユニバーサルデザインにならない。

一般トイレの数や配置の課題とともに、多機能トイレについても、施設全体での分担を図り、過度の集中や待ち時間など、切実に緊急的に必要な利用者が困らないような総合的で対応性の高い計画が望まれる。

これまでの流れである専用から優先、共用へという流れをもう少し厳密に検討して、すべての利用者が無理なく利用できるトイレの実現を図るべきである。多機能トイレだけあれば、ユニバーサルデザインということではない。トイレ全体の計画としては、すべての人が使える状況は生み出されていないからである。一般便房や手洗い場、授乳室などの関連施設に対する配慮についても、片麻痺で動くのが不自由な人やオストメイトなどの内部障害者、視覚障害者への配慮についても、使いにくい、わかりにくいという利用者の「声」にどのように対応するか。

また、これらの多様なトイレの種類に対して、その存在や状況を知るためのサイン計画に利用者の意見を反映させるなど情報提供のあり方も考慮する必要がある。

(10) トイレの新材料技術

多様な人間について、人間工学や感性工学の視点からの追求がさらに求められる。デザインとして求められる空間条件や色や形など環境条件を実現する各種材料や技術の進歩はめざましい。トイレはかつてのくみ取り式から水洗式へと変化したが、多用される「水」に着目した技術改善も進化している。水の流体力学や制御の方法、汚れや臭気に対する制御の方法など、多分野に広がる。環境配慮の視点からは、節水を図り、場合によっては無水を目指していく技術も必要となる。必要な制御レベルを確保するための測定技術や具体的な制御方法が課題となる。

トイレなどの水まわり空間で使用する素材として、有機ガラス系新素材など、樹脂材料の開発がめざましい。樹脂成形技術の進化で、より汚れやキズがつきにくく、掃除しやすい快適なトイレの機能やデザイン実現の可能性が広がっている。

自動化は便利なデザイン対応のひとつであるが、すべての利用者に適合するものでない。近年、開発された技術やシステムに対応していけない利用者を忘れてはならない。また、エネルギーとしての水や電気の使用できない災害時などのことを考慮する必要がある。ハイテクの落とし穴に注意しながら、万が一のデザインも重要である。

3. まちづくりとしての公共トイレ整備

(1) 外出しやすい環境整備

　だれもが住みやすく、賑わいのある、住民一人ひとりが誇りと生きがいを持てるまちづくりが求められる。自宅で住み続けるだけでなく、外出しやすい環境整備も重要である。道路や公園、必要な地域施設の整備において、だれもが安心して入れる使いやすい公共トイレは不可欠である。既存の商店街などの活性化が課題となっているが、個々の店舗での対応だけでなく、商業エリアとしての取組みが求められる。よりいっそう住みやすい生活環境の実現につながる公共トイレの整備が、まちづくりの重要な課題である。

(2) 観光のまちづくり

　近年、高速道路、道の駅、鉄道駅、商業施設のサービス施設としてよく管理され、衛生的で、建物の外観などに工夫を凝らした公共トイレも増えている。これらの公共トイレの充実によって、観光客などの来街者にとって行きやすい街の実現につながる。ただし、観光地によっては、歴史的な環境、文化財の保全、自然環境の保全、あるいは景観など環境の質を変更しないことを求められることが多く、単純な基準どおりの公共トイレの整備は図りがたい。

　グローバル化が進む中、海外からの利用者も増加することが考えられる。生活様式の違いからトイレに対する考え方や利用方法が異なることも想像される。日本国内だけで通用する公共トイレの整備ではなく、戸惑わずに使えるよう使い方や整備内容を説明・表示するほか、直感的に理解できるようなデザインの工夫、研究がさらに求められる。

(3) 公共トイレのネットワーク化

　個々のトイレの整備だけでなく、地域全体、まちづくりとして、どのようなトイレをどう配置するかという、ネットワーク的な整備も重要である。地域における公共トイレについて、どういった配慮のものがどこにどれだけあるのかなどを案内したマップを提供している事例もある（図17）。せっかく配慮して整備した公共トイレについて、利用者に情報提供することも大切である。

図17　こうべ・だれでもトイレMAP
　「だれでもトイレ」は、神戸市内の各施設に合わせて様々な配慮・工夫がされた多目的・多機能トイレ。この情報を市民や来街者に知らせるために、設置場所などをわかりやすく紹介したマップが発行されている。マップは市役所や区役所、その他主要公共施設で配布されているほか、市のホームページからダウンロードもできる。

日本では少ないが、有料化や有人化にすることで清掃管理や安全性の確保を図る試みも導入されている。海外ではトイレのユニットを路上や公園に設置する事例が定着している（写真18）。日本でも設置の試みはあるが普及はしていない（写真19）。これらの公共トイレについても街や地域全体でどのような状況であるか、ネットワーク化してわかりやすく利用しやすいようにする配慮が必要である。

（4）民間トイレの公共化

外出時に公園などの公共施設のトイレだけでは、利用者にとって、その数や配置がわからなかったり、管理面で行き届かないことが多くある。そこで、これを解決する方法として特定の公共施設におけるトイレだけを対象とせず、民間の施設にあるトイレを「市民トイレ」として公共的な利用が図れるようにする方式が導入されている（図20）。その中でもトイレの設備や空間への配慮として、多機能トイレを導入する例も多くなっている。

また、コンビニなど、店舗によっては積極的にトイレを開放することで販売促進に結びつけようとする事例も増えている。しかしながら、その数や車いすで利用できるトイレなどの整備はまだ十分でない。

（5）いつでも・どこでも使えるトイレ

ユニバーサルトイレは、時と場所に着目して仮設の発想やポータブルの発想が大切になる。

日常の生活だけでなく、災害や各種のイベント開催時など、一時的にトイレ環境の状況が異なるときなどを考慮する必要がある。

震災時には、断水によってトイレが使用できなくなる。阪神・淡路大震災における現地調査では、避難場所に「くみ取り式仮設トイレ」が設置されたが、道路の寸断やバキュームカー不足から汚物収集が満足にできないなど不便な状態が続いた。このような状況に対応するため、指定避難所である小・中学校を中心に「公共下水道接続型仮設トイレ」の整備が進められている（図21）。仮設水洗トイレ用の下水道管をあらかじめ敷設しておき、災害時には仮設トイレ用下水道管に設置されたマンホール上部に仮設トイレ

写真18　海外のユニットトイレ（ドイツ）

写真19　京都・二条駅前に設置されたユニットトイレ（左）と筆者らによって日本で設置が検討されたユニットトイレ（右）

図20　「市民トイレ」マーク（神戸市）
市民トイレは、管理者の善意で、公共施設や民間施設内の既存のトイレを市民トイレとして開放してもらい、一般市民が広く利用できるようにする制度

を組み立てて設置し、下水道に汚物を直接流すというものである。これによりくみ取りの必要がなく、クリーンなトイレを保つことができる。しかし、身体が不自由なため、このような仮設トイレが使用できない人たちもいるので、構造的な改良ですべての人が利用できるトイレの開発が課題である。いつ発生するかわからない災害に備え、仮設トイレの確保が求められる。

イベント時においても仮設トイレが設置されるが、同様にすべての人が利用できる構造・設備となるよう配慮しておくべきである。

また、車両や船舶、航空機などの乗り物による移動時においても、空間の制約は大きい。建築と同様にすべての人がいつでも、どこでも利用できるトイレのデザインとする配慮が必要である。トイレが使用できない場合に備えて、簡易的なポータブル型のトイレなどの開発も課題であろう。トイレでは、それらの処理に対応した空間機能への配慮も、オストメイトの処理した廃棄物と同様に次の課題となる。

さらに、山岳部や海岸部など自然地域では、一般に電力供給や給水事情が悪く、また、水温や気温が低いので、浄化槽の設置や維持・管理が困難な場所が多い。富士山や屋久島など人気の観光地においては特に重要な整備課題となっている。山小屋などでは昔から、排泄は穴を掘り、溜め、浸透させるなどの方法がとられていた。また、トイレがない場所では、野外排泄も行われてきた。しかし近年の登山人口の増加により、自然の浄化機能を上回る量のし尿が排泄され、水質や動植物への影響などが懸念される。これらの地域のトイレとしては、くみ取り式や、微生物の働きによってし尿を分解するバイオトイレなどがある。しかし、その数は不十分である。し尿処理改善への取組みがよりいっそう求められる。

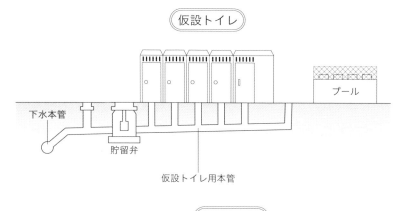

貯留型
特殊マンホールの貯留弁を閉め、注水用枡から仮設水洗トイレ用下水道管に一定量の水を注水・貯留し、ある程度汚物が堆積したのち、貯留弁を開け一気に流す

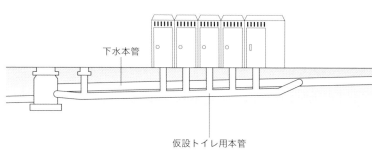

幹線通過型
バイパスのように仮設水洗トイレ用下水道管を敷設し、上流から流れてくる汚水を利用して汚物を流す

図21　公共下水道接続型仮設トイレの構造
（神戸市ホームページをもとに作成）

2章

属性の違いとトイレ

　まちのバリアフリー化が進み、身体が不自由な人たちも自由に外出できるようになった。あわせてトイレの利用者属性も多様化した。だれにとっても、安全、快適で、使いやすい「ユニバーサルトイレ」の実現のためには多様な利用者の身体状況や心理、そしてトイレ利用における実態を理解することが求められる。

　本章では、利用者の属性に着目し、トイレ方法や現状における課題などを紹介し、様々な利用者を想定したトイレ環境実現に向けたデザインの方向性を考える。

1 男性と女性

1. 公共トイレを進化させた女性のニーズ

公共トイレは、男女別に設けられるのが一般的である。性別の差によって、生理的欲求とともにプライバシーの程度は異なる。

トイレにかかわる進化は、特にプライバシーを重視し、また子育てに携わることの多い女性のニーズに合わせたものが多い。たとえば、女性はトイレでは排泄行為のみならず、化粧直しや着替え、子どものトイレ、おむつ替えなども行う。これに対応した配慮が、計画やデザイン時の大きなテーマとなる事例が多い（写真1）。これらの行為を受け止め、満足させる配慮をした、女性利用の多い商業施設などのトイレは、それまでのマイナスイメージを一掃し、さらなるイメージアップに成功した。

男性トイレの場合、女性ほどには男性の動きに沿ったトイレ空間の変化は多くなかった。しかし男性の子育て参加が当たり前となった昨今では、男性トイレ内にベビーキープやベビーシートが設置される事例も増えてきた（図2、写真3）。

写真1　女性トイレの手洗い・パウダーコーナー
ショッピングセンターの女性トイレは、女性の要求に応え、今までのトイレイメージを劇的に向上させた。
（写真上：イオンモールむさし村山　写真下：ピオレ姫路）

図2　女性トイレのみに設置されていたベビーシート
昔の公共施設のトイレは、おむつ替え台は女性トイレのみにしかなく、男性には利用することができなかった。

写真3　男性トイレ内のベビーシートと幼児用小便器
近年の公共施設の男性トイレ内には、おむつ替えができるベビーシートの設置が当たり前になりつつある。

2. 男女の区別を克服する公共トイレ

　男女のトイレの区別は、プライバシーの観点からだけでなく、子育ての場面でも同様の配慮が必要である。さらに超高齢社会においては、外出先でのトイレ利用時の介助の有無に関する配慮が必要となる。特に配偶者による"異性介助"に対応した機能や配置計画が求められるが、多くの公共トイレではその機能を多機能トイレが担っている。ただし"男女共用空間"である多機能トイレ内にも、男女間の"プライバシー"への配慮が必要である（写真4）。

　商業施設などでは、プライバシーと性犯罪防止の観点から、女性トイレは男性トイレより奥まった位置に設置することが多い。しかし、これは逆に死角になりやすく、いったん侵入されるとかえって危険な場合も予測される。従来の男女の区別による安全対策を超え、利用者相互の監視性が確保されることを基本とした配置計画が求められる。

　LGBT（レズビアン、ゲイ、バイセクシュアル、トランスジェンダー）などの性的少数者を配慮したトイレ整備のあり方が求められている。男女共用トイレは、これまで戸籍上の性別を基本に利用者を想定して計画設置されてきた。しかしながら、LGBTの立場からは、外見ではなく内面の性を重視して利用するトイレを決める権利があり、性別に関係なく利用できるトイレが必要とされる。LGBTの利用を考慮して、トイレのピクトグラムのデザインを工夫する取組みもある（図5）。単に従来のトイレのサインを男女ともに使用できるように変えるだけでは、根本的な課題は解消できない。一般男性が女性トイレに侵入した場合に、その人がLGBTかどうかの判断根拠はあるかどうか、女性の性犯罪防止の配慮が必要となる。男女ともに身の危険や違和感を抱く懸念がある。どのようなトイレをいくつ、どのようにつくるべきなのか。これまでの多機能トイレだけにその用途を委ねるのでは、今まで以上に利用困難を強いられる車いす使用者などの当事者が増加する可能性がある。男女の区別を克服する公共トイレのユニバーサルデザインが求められる。

写真4　多機能トイレ内の仕切りカーテン
要介助者が用を足しているとき、介助者と仕切るためのカーテンがついている。
（イオンレイクタウン、埼玉県）

図5　アメリカなどで導入されているピクトグラム
LGBTの利用に配慮した男女共用のトイレの入口に表示される。

3. 男女のトイレ利用時間と便器の数

トイレの計画で最も悩むのが男女トイレの便器数である。施設用途や利用者の多寡によって異なるが、女性利用者に対する計画数の算定は慎重に行う必要がある（図6）。

トイレ利用に要する時間は女性のほうが長い。乳幼児連れの人はトイレブースに一緒に入り、ベビーシートがあれば自身のトイレとは別におむつ替えをする。また月経時にはその処理に時間を要する。トイレ内にパウダーコーナーがなければ、人によってはトイレブース内で化粧直しをする。トイレブースでの利用者の回転を早くしたい施設においては、前述のような付加行為のための機能設備をトイレブース外に設置することが望まれる。

加えて、女性のトイレ時間が長いのを前提に考えれば、家族連れやカップルが利用する施設では、トイレ前に待ちスペースを計画すべきである。

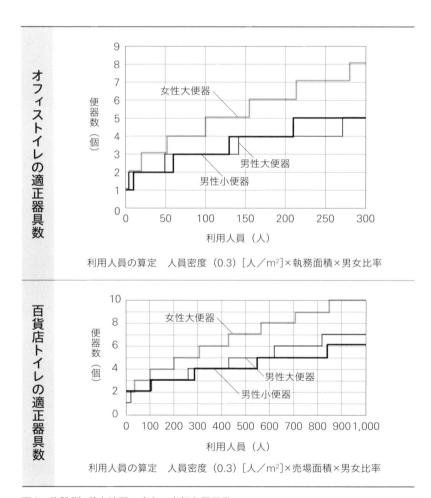

図6　施設別、待ち時間の少ない良好な器具数
トイレの適正器具数は、施設ごとに異なる算定から利用人員を出し、適正器具数を導き出す。オフィスのトイレの場合、利用人数が100〜150人程度なら、女性大便器数は5個が適当であり、百貨店の場合、利用人数が100〜200人程度なら、4個が適当であることが示されている。
（空気調和・衛生工学会『衛生機器の適正個数算定法』）

2 幼い子ども

1. 乳児から幼児にかけてのトイレ方法

子どもは生後（乳児）から4歳くらいまでの幼児にかけて行動が大きく変化する。伝い歩きができるころになると、じっと座っていることが苦手となる。大人の感覚ではあり得ないものに興味を持ったり行動したりすることで、思わぬ危険行動も起きやすい。また、この乳児期から幼児期にかけては行動と同様、トイレ方法も大きく変化する（図7）。

2. 親子連れに人気の多機能トイレ

ベビーカーと併せて替えのおむつや授乳用品などのたくさんの荷物を持ち、じっとしていられない幼児を連れている人にとって、特に外出時のトイレは大変である。また、そのような親子連れは、たとえば赤ちゃんのおむつ交換の際、ほかの子どもはもちろんのこと、自身のトイレも一緒にまとめて済ます傾向にある。そのような親子連れにとっては、十分な広さと設備が備わって

図7　月齢・年齢別の行動とトイレ方法

いる多機能トイレは使い勝手が良い。

多機能トイレは、もともとは障害者専用トイレであったものが、"だれにでもやさしく、使いやすい"というユニバーサルデザインの考え方の浸透により、車いす使用者やオストメイトなどの障害者をはじめ、高齢者やおむつ替えが必要な親子連れの利用も想定し、様々な設備が備わり進化した（写真8）。

一方で、多機能トイレでしか用が足せない障害者からは"障害者専用"トイレにしてほしいとの意見が出始め、特に親子連れの利用の多い施設では、みんなが利用できる多機能トイレから専用トイレへと変更した。その代わりに、一般トイレのブース内におむつ替えができるベビーシートやベビーキープを設置する事例が増えつつある（図9）。また、家族連れの利用が多い施設では、親子一緒に利用できる"親子トイレ"を設置する考え方もある（写真10）。

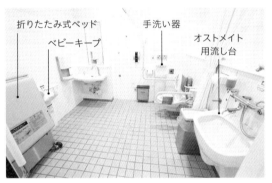

写真8　折りたたみ式ベッドやオストメイト用流し台の設置が増えた多機能トイレ

写真10　大人用便器と幼児用便器が並んで設置されている親子トイレ（イオンレイクタウン、埼玉県）

ベビーキープがトイレブースの扉近くにあると、子どもが鍵を開けてしまうことがある。

ベビーキープが手すりの近くにあると、子どもが足をバタつかせたとき、足が手すりにあたって怪我をしてしまうことがある。

図9　トイレブース内のベビーキープの設置場所の注意点

3. トイレを怖がる幼い子ども

幼い子どもには、家ではトイレができても、外出先ではトイレを嫌がったり、怖がったりする子がおり、このことは育児書などにも広く紹介されている。子どもが外出先でトイレを怖がり、トイレを我慢するようになることは、外出行動の制限につながる。家以外のトイレを怖がる傾向にあるのは特に2～3歳児である（図11）。

怖がる原因となる主なトイレ環境は、汚い、暗い、臭いトイレ、そしてジェットタオルや自動水洗の"音"であることがわかる（図12）。

親子連れや幼い子どもの利用が多い施設のトイレでは、音やにおいへの配慮はもちろんのこと、2～3歳児を対象とした見た目に楽しいデザインを施した「子どもトイレ」があるとよい。それにより、外出先でトイレができるようになるきっかけづくりにもなる。

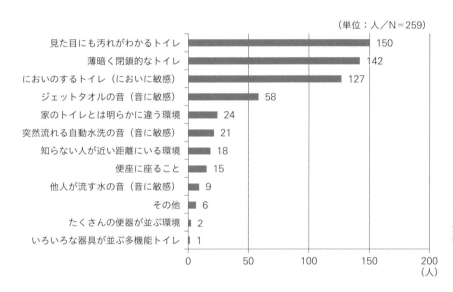

図11 小学校未就学の子どもが外出先のトイレを怖がる内容（複数回答）

最も慣れている家のトイレと比べて、環境がかけ離れている汚い、暗い、臭いトイレや、突然に音が発生するような環境は、子どもにとって"怖い"ものになっている。

（老田智美、上原健一、田中直人「小学校未就学児の外出先トイレ「怖がり経験」からみたトイレの利用実態-大型ショッピングセンターにおけるユニバーサルデザインに関する研究その1-」日本建築学会大会学術講演梗概集計画系E-1日本建築学会、2013）

汚い、暗い、臭いトイレが怖い

突然、水が流れる自動水洗トイレが怖い

突然、大きな音が聞こえる他人が利用しているジェットタオルの音が怖い

図12 子どもが怖がるトイレの環境や状況
特に、2～3歳児がこのような環境や状況を怖がっている。

3 お年寄り

1. 足腰の不自由さだけへの配慮では不十分

加齢とともに身体のあらゆる機能が低下するのがお年寄りである。個人差はあるものの、とくに筋機能、骨格、視覚、聴覚、認知機能、泌尿器系の機能低下が顕著となる(図13)。1つひとつの低下レベルは障害者と比べて大きくはないが、複合していることから多方向からの配慮が必要となる。

2. 視覚や認知機能への配慮

人は年齢を重ねると視力の衰えだけでなく、長年にわたる紫外線曝露などの影響で、目が白濁化・黄濁化したり、見え方が変化する。全体的に白っぽく見えたり、黄色っぽく濁って見えるほか、「まぶしく感じる」「かすんで見える」「同系色の違いがわかりにくい」状態にもなる。

そのため、トイレ空間でも障害をきたすことがある。たとえばトイレブース扉の鍵につけられている「使用中」の文字や「使用中」を意味する赤色の表示は小さいことが多く見えにくいため、誤って扉を開けようとしたりすることになる(写真14)。お年寄りには、このような間違いが起こらないための、わかりやすい表示や操作しやすいトイレブース扉の鍵を求める人が多い(図15)。

清潔感を表す真っ白なトイレ空間は、視覚機能が低下しているお年寄りにとっては、白すぎてまぶしく見えたり、コントラストがはっきりせず、つまずきやぶつかりの原因にもなる(写真16)。

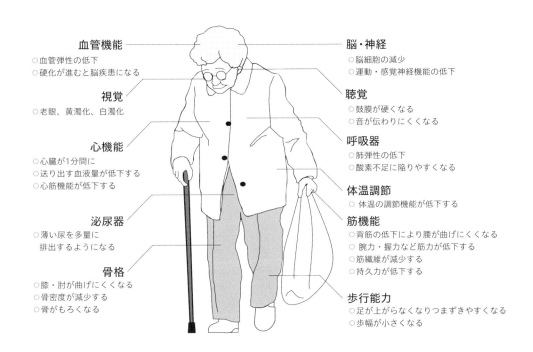

図13　加齢により低下する身体機能

3. 必要なものを厳選"引き算のデザイン"を

最近のトイレは多機能になり、トイレブース内には色々な設備が設けられている。手すりをはじめ、洗浄ボタンや呼出しボタン以外にも排泄音を中和する擬音装置、温水洗浄や便座クリーナーディスペンサーなど、多数のボタン類が限られたスペースに混在している。またそれらに対し細かな説明書きもある。

多機能化に慣れず、また細かい文字の見えにくいお年寄りにとっては、誤操作にもつながる。見やすさへの配慮は当然のことながら、お年寄りの利用率の高い施設では、ニーズに合った設備の整理と使用方法に関する情報提供が必要だろう。多くのものを増やしていくだけでなく、必要なものを厳選する"引き算のデザイン"も必要となる。

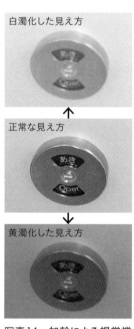

写真14 加齢による視覚機能低下で変化するお年寄りの見え方イメージ

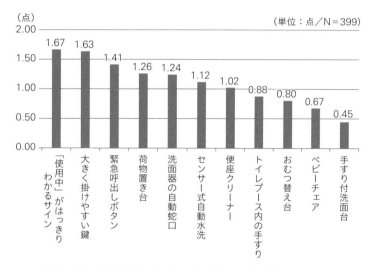

「必要：2点」「やや必要：1点」「どちらでもない：0点」「やや不必要：-1点」「不必要：-2点」と点数を配して平均値を出している。

図15 お年寄りが求めるトイレ内設備
トイレブースの鍵には"使用中"のサインも示されている。鍵に関する要求が高い。
(田中直人、老田智美「公共トイレおよび多目的トイレにおける高齢者の利用者意識-公共空間における多目的トイレのユニバーサルデザイン化に関する研究その3-」日本福祉のまちづくり学会第7回全国大会概要集、2004)

写真16 白いトイレ空間の見え方イメージ
目が白濁化しているお年寄りには、白い空間は、白く発光したように見えるため、つまずきやぶつかりなどを引き起こす。

4. 泌尿器系機能への配慮

　加齢により膀胱や内臓を支える骨盤底が衰え、排泄機能の低下が起こり、トイレの頻度が高くなるのはもちろんのこと、軽い尿漏れが起こることもある。外出時は安全を考え尿漏れパッドなどを利用する人がいる。女性の場合、トイレブース内には必ずサニタリーボックスが設置されているので、パッドの交換は今までどおり女性トイレでできる。しかし男性トイレのブース内にはサニタリーボックスが設置されていないのが一般的である。そのため男性の場合、サニタリーボックスのある多機能トイレを利用することになるが、人によっては抵抗感、つまり心理的なバリアになることもある。超高齢社会の現在、"今までの常識"を見直し、身体の衰えにより必要となる配慮が当たり前のデザインとなる環境づくりが望まれる。排泄の機能が低下し続けると、排泄コントロールができなくなり、介護する側は大人用の紙おむつの着用を考えてしまいがちである。しかし本人はトイレに失敗しても自身で下着を洗い、掃除してでも紙おむつは着用したくないと考えるものである。そのような心理に対応し、高齢者居住施設や住宅などでは、お年寄りがトイレに失敗した時のことを考慮して、掃除のしやすいデザインが施されている（写真17、18）。

　男女を問わず「足腰の悪い」状態からさらに先の身体の衰えを見据え、トイレに失敗することを前提にトイレ介護する人・される人の心理的バリアを取り除くトイレが望まれる。

写真17　掃除用シンクを設置したトイレ
汚した服も洗える掃除用シンクを設置している。（O邸、京都府）

写真18　防水処理をした水洗いできる床
転んだときの怪我防止のためタイルは避け、屋外用の長尺シートを使用し、掃除をしやすくしている。（A邸、大阪府）

4 オストメイト

1. オストメイトとは

　オストメイトとは、病気などが原因で膀胱・直腸の機能障害になり、人工膀胱・人工肛門を保有している人をいう。人工肛門は、便を体外に出すために腹壁に孔を開けて「ストーマ（排泄口）」を造設したもので、本人の腸をお腹の外に引き出してつくられている。人工膀胱は、尿を体外に出すために腹壁に孔を開けて「尿路ストーマ」を造設したものである。

　ストーマに神経はなく、また括約筋もないので、自分の意思で排便・排尿をしたり、止めたりすることができない。オストメイトは障害のある場所によってストーマの造設位置が変わる。位置が変わるということは排泄物の形状も変化するということになる。

　コロストミー（結腸人工肛門）の上行結腸ストーマやイレオストミー（回腸人工肛門）の回腸ストーマのように、位置が上方の場合、当然便の形状は液状になる。一方、コロストミーのS状結腸ストーマの場合は下方なので固形便となる。これは日常生活において大きな差となる（図19、20）。

2. ストーマ装具

　オストメイトは自分の意思で排便・排尿をしたり、止めたりすることができない。そのため排泄物を受けるストーマ装具の装着が必要となる。ここではコロストミーに関するストーマ装具について説明する（図21）。

　主なストーマ装具は、ストーマから出る排泄物を受ける「採便袋」（以下、パウチ）と、パウチを身体に固定するための「面板」がある。面板には皮膚保護剤と粘着剤が付いている（図22）。

　ストーマ装具は、パウチと面板が一体になっている「ワンピースタイプ」と、パウチと面板が別になっている「ツーピースタイプ」がある。それぞれのタイプには、パウチの下部から便を排出できる「開放型（ドレインタイプ）」と、排出口がなく、便が溜まったらパウチを交換する「閉鎖型（クローズタイプ）」がある（図23）。

　ストーマ装具のタイプの違いにより、トイレへの排出方法も異なる。

人工膀胱	ウロストミー	回腸導管（回腸を尿管にしたもの）
		尿管皮膚瘻（尿管をそのまま利用しているもの）
		コック式ウロストミー
人工肛門	コロストミー（結腸人工肛門）	上行結腸ストーマ（液状・粥状便）
		横行結腸ストーマ（粥状・軟便）
		下行結腸ストーマ（軟便・固形便）
		S状結腸ストーマ（固形便）
	イレオストミー（回腸人工肛門）	回腸ストーマ（液状便）
		コック式イレオストミー（液状便）（カテーテルによる排便）

図19　ストーマの位置と便の状態

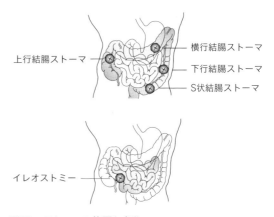

図20　ストーマの位置と名称

3. 排出とストーマ装具の交換

オストメイトの排泄には、単に便を排出するだけでなく、ストーマ装具の交換とストーマ周辺の皮膚のケアが必要となる。

便の排出はパウチに1/3ほど溜まったら行う。開放型のパウチは下部から排出するので、数日間使用することができる。一方、閉鎖型のパウチは排出口がないので使い捨てとなる。

ストーマ装具の交換には個人差はあるが、ワンピースタイプの場合1〜3日、ツーピースタイプの場合3〜5日である。

ストーマ装具の交換とは、身体から面板ごとストーマ装具を外し、新しいものと交換することである。交換の目安は、面板に付いている皮膚保護剤が、排泄物との接触で溶けた範囲から判断される。皮膚保護剤にはパウチをお腹の皮膚に固定する役割と皮膚を保護する役割がある。

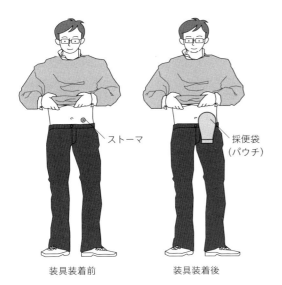

図21 ストーマとストーマ装具

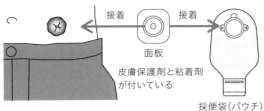

図22 主なストーマ装具

		ドレインタイプ （開放型）	クローズタイプ （閉鎖型）
	特徴	・パウチの下部から排出できる ・便が頻繁に排泄され、1日に複数回パウチを空にする場合に向いている	・便が溜まったらパウチを交換 ・便が固形で頻繁に排泄されない場合に向いている
ワンピースタイプ （パウチと面板が一体）	・面板をお腹に貼るだけなので取扱いが簡単 ・交換時期は1〜3日 ・価格は安価	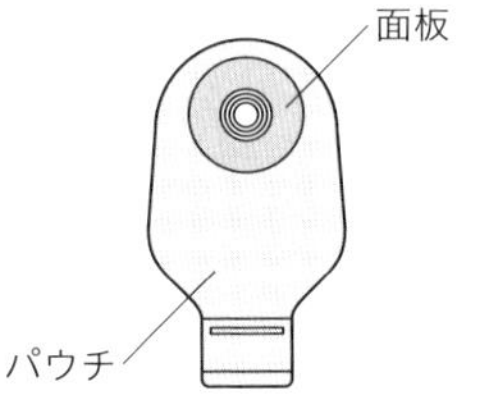	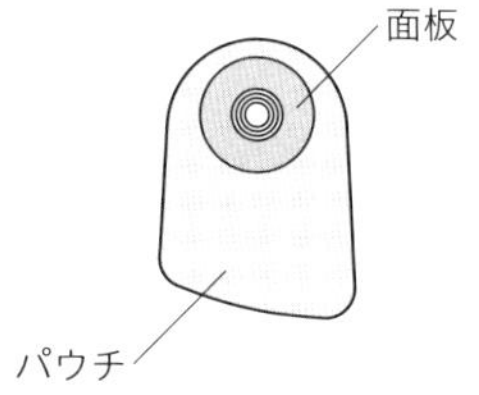
ツーピースタイプ （パウチと面板が別）	・面板を貼ったままパウチのみ交換できる ・ワンピースタイプと比べて長期間使用できる（面板の交換時期は3〜5日） ・価格は比較的高価	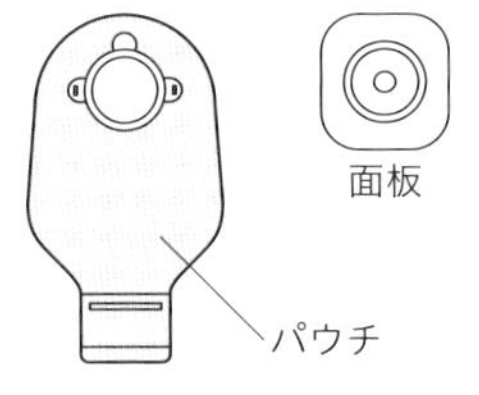	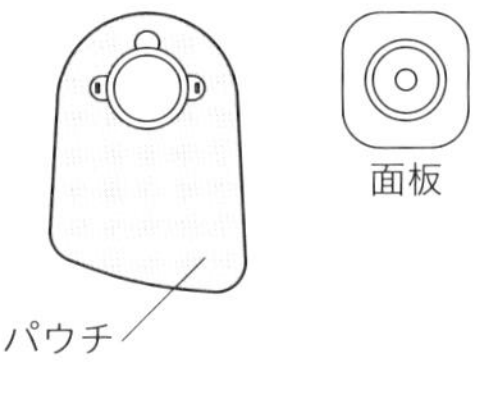

図23 ストーマ装具の種類と特徴

皮膚保護剤が溶けることで、その隙間から便が漏れるので気をつけなければならない。併せてストーマ装具を交換する際はストーマまわりの洗浄が必要となる。

一般的に、ストーマ装具の交換またはツーピースタイプ閉鎖型のパウチの交換は、緊急時でない限り日帰り程度の外出先では行われていない。そのため外出先のトイレでは、お腹に開放型のパウチを着けた状態で、パウチの下部から便を排出している。排出する際の体勢は便器により異なる（図24）。

自宅以外でパウチの交換やストーマ装具の交換を行うとすれば、旅行先や医療施設などが考えられる。特に宿泊施設のバリアフリールームなどにオストメイト用の流し台や、パウチをすすぐ蛇口などが設置されていれば、オストメイトの外出機会も増える。

4. オストメイト用流し台のシャワーは緊急用

体調の変化などにより、排泄物が漏れるなどのトラブルになることがある。それにより外出時に衣服や下着を汚した経験のあるオストメイトは少なくない（図25）。その際には身体からストーマ装具を外し、ストーマまわりなどの汚れた部分を洗い、新しいストーマ装具を装着する必要がある（図26）。

このような外出先での緊急時に助かるのがオストメイト用の流し台である。最近のものにはストーマ周辺の洗浄が可能なようにお湯の出るシャワーが機能として含まれている。この流し台は、オストメイトマークが表示されている多機能トイレ内に設置してあることが多い（図27、写真28）。しかしすべての流し台にシャワーが付いているわけではない。パウチのすすぎ機

オストメイト用流し台での排出体勢

和式便器での排出体勢

洋式便器での排出体勢

図24　便器の種類別の排出体勢

能やストーマ装具の装着確認のための姿見が設置されていることと同様に、ストーマケアのためのシャワーは必須機能である。緊急時を想定した環境整備は外出時の安心材料となる。

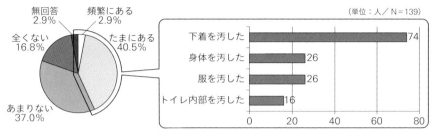

図25　外出時に失敗した経験（複数回答）
回答者の約4割程度のオストメイトは、外出先で失敗経験がある。
（田中直人、老田智美「オストメイトの公共トイレ利用実態および意識に関する研究」日本建築学会計画系論文集No.595、2005）

①皮膚から粘着面をはがす
お腹に装着している面板の粘着面をゆっくりはがす

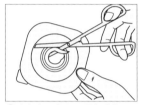

④大きさに合わせ面板を切る
ストーマの大きさに合わせて面板をはさみで切る

②ストーマ周辺の洗浄
ガーゼなどに石けんを付け泡立てたものでストーマ周辺の皮膚を洗浄する

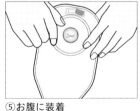

⑤お腹に装着
面板の粘着面をストーマ周囲にあて、しっかり密着させて装着する

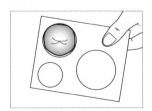

③ストーマの大きさの計測
ストーマの大きさは変化する場合があるので、計測ガードで大きさを調べる

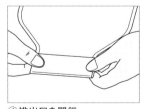

⑥排出口を閉鎖
開放型のパウチの場合は、パウチ下部の排出口を閉鎖する

図26　ストーマ装具の交換方法 (ホリスター資料より作成)

図27　多機能トイレのサインに表示されているオストメイトマーク

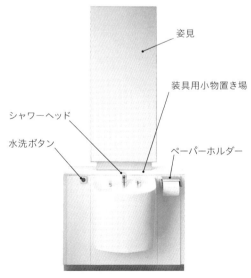

写真28　オストメイト用流し台 (TOTO)

5 肢体の不自由な人

1．肢体不自由と排泄障害

肢体不自由とは、事故や疾患が原因で身体の運動に関連した器官の動きが悪くなる運動機能障害をいう。運動機能障害の種類には、主に脊髄損傷、切断、脳性麻痺、脳卒中片麻痺などがある。

脊髄損傷や脳性麻痺、脳卒中片麻痺など、神経に障害がある人の中には、運動機能障害と併せて排尿機能や排便機能に障害のある人がいる。排尿機能障害には、麻痺により膀胱が尿を排出できなくなったり、尿を溜めることができずに漏れてしまうなどの症状がある。排便機能障害には、肛門括約筋が機能しなくなったり、便意がなくなり便秘気味になるなどの症状がある。そのため、時には失禁・失便などの失敗をすることもあり（図29、表30）、公共施設のトイレには失敗時に対処できる機能の確保が求められる。

排便機能障害のある人は、個々の障害レベルに合った訓練で排便方法を確立している場合が多く、排便時間を決めている。人により様々であり、1日おきから3日おきの決まった時間に行っている。便意の誘発としては、**①排便を行う前夜に緩下剤を服用し便の硬さを調節、②排便を行う30分～1時間前に排便促進剤を挿入、③摘便、④浣腸および洗腸**などがある。

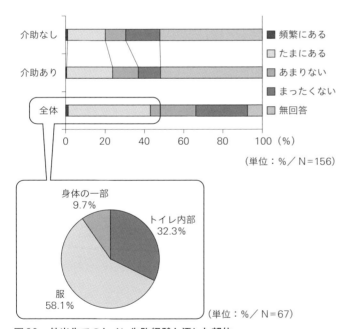

図29　外出先でのトイレ失敗経験と汚した部位
肢体不自由者156名によるアンケート調査結果。回答者の43％にあたる67名が、外出先のトイレで「頻繁に」または「たまに」失敗している。
（老田智美「公共トイレのユニバーサルデザイン化に向けた整備手法に関する研究」学位論文、東京大学、2006）

表30　肢体不自由者の外出先トイレでの利用実態
作業療法士・理学療法士7名からの意見。肢体不自由者の利用実態を理解した上でのトイレ計画が求められる。

- ○「もし失便したら」という心配に対し、居直れる人が外出する。少しでも心配な人は外出しない。
- ○障害のある人にとって「失便」は日常的なこと。特に恥ずかしいことではない。
- ○障害のある人の多くが、トイレの時間帯がそれぞれ決まっている。そのためトイレ利用の時間が集中する可能性がある。
- ○尿集器使用者はストール型の小便器を利用する。
- ○重度身体障害者が公共トイレを利用するのは緊急時のみ。大便はあまり行わず、実際は小便しかしない。
- ○特に脊髄損傷者の多くは排泄障害があるので、それに対し公共トイレでどのように対応するかも考える必要がある。
- ○障害者対応トイレは便器までのアクセシブルが中心に考えられているが、本来はそのトイレで用が足せるかどうかを考えることが重要である。

（摂南大学工学部建築学科田中研究室、株式会社日建設計「国連・障害者の十年記念施設（仮称）設計検証・評価報告書」2000）

これらの排便行為には長時間を要するため、宿泊を伴わない外出先では避けているのが一般的である。

2. 多様な車いすの種類

肢体が不自由な人の多くは、車いすを使用している。車いすは歩行が困難な人の移動手段としての福祉用具であり、種類もサイズも多数ある。病院をはじめ公共空間に設置されている車いすはJISにもとづく介助用、または自走用の手動車いすが一般的である。多機能トイレの寸法は、車いすが1回転できる寸法、直径1,500mmを確保することが基準で定められているが、その寸法の根拠は、このJISにもとづく手動車いすの動きによるものである。車いすにはそのほか、身体状況に応じコンパクトな自走用車いすや、電動車いすがある。自走用車いすは下肢に障害があり上肢が健康な人の、電動車いすは下肢のみならず上肢にも障害がある人の利用が多い。また、生活のあらゆる場面で介助が必要な人は、リクライニングタイプの車いすを使用しており、サイズは一般の手動車いすより大きいので、その分のスペースにも配慮する（写真31）。

3. 脊髄損傷者のトイレ方法

（1）脊髄損傷とは

脊髄損傷とは、脊柱の中を通る感覚神経と運動神経が束になっている脊髄神経が損傷されることをいう。一度破壊された脊髄組織は再生されず麻痺が残る。脊髄のどこかの箇所が破壊さ

重量：12.9kg

重量：24.0kg

写真31　標準タイプ（上）とリクライニングタイプ（下）の車いす
リクライニングタイプの車いすはリクライニング時、全長が1,415mm（上記タイプのもの）になるため、トイレ内の回転直径1,500mmでは広さが足りない。
（ミキ）

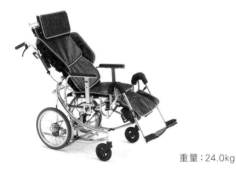

図32　脊髄構造の運動機能
脊髄は頸神経8対、胸神経12対、腰神経5対、仙骨神経5対、尾骨神経1対からなっており、それらの神経は左右対称に枝分かれし、脊柱の外へ出て、身体の末梢部分に伸びている。

れると、その箇所が支配する機能だけでなく、その箇所から下の箇所が支配する機能にも異常をきたす（図32）。

（2）トイレ方法

比較的上肢が健康で自走式の車いすを使用している人は、介助を必要とせず車いすから便器へ移乗し排泄する。立つことが困難な脊髄損傷者の多くは、便器の斜め横あたりに車いすをつけ、片方の手で車いすを、もう片方の手で横手すりもしくは便座を押し上げて身体を浮き上がらせる「プッシュアップ」という方法で便器に移乗する（写真33、34）。

便器に移乗し、体勢を整える際には、横手すりや跳ね上げ式のサイド手すりを利用する人が多い。便器へ移乗する際にも人それぞれに移乗しやすい利き側があるので、より多くの人が利用しやすくするためには、扉からの便器位置は左右対称になっているのが望ましい。

上肢またはその一部が不自由な人は、車いすから便器に移乗する際、介助を必要とする場合が多い。また使用している車いすはリクライニング式や電動式の場合が多い。手動車いすよりも寸法が大きく、介助者の動作範囲のスペースも

①便器の斜め横の位置に車いすをつけ、車いすにロックを掛け、動かないよう固定する。

②左手は車いすの座面に、右手は便座に置いて、腕の力で腰を浮かす（プッシュアップ）。

③腰を浮かした後、車いすの座面から便座へスライドするように移乗する。その際、跳ね上げ式のサイド手すりが下りていると移乗の邪魔になる。

④便器に完全移乗した後は、足の置き場所を確保するため、車いすのロックを解除し、便器横に移動させる。

⑤跳ね上がっているサイド手すりを下げる。左手はサイド手すりを、右手は横手すりを使いながら体勢を整える。

⑥用を足す。サイド手すりや横手すりで身体を支えながら用を足す人もいる。

⑦用を足した後、便器から車いすへ移乗するため、車いすを便器の近くに寄せる。

⑧左手は車いすの座面に、右手は便座に置いて、腕の力で腰を浮かす（プッシュアップ）。

⑨腰を浮かした後、便座から車いすの座面へスライドするように移乗する。

⑩車いすに完全移乗した後は、車いすのフットレストを倒し、手でフットレストの上に足を乗せる。

写真33　右利き脊髄損傷者のプッシュアップによるトイレ移乗（一例）

写真34　脊髄損傷者のトイレ移乗の軌跡
主に便器の横側の空間を使って車いすから便器に移乗している。
移乗時にサイド手すりは邪魔になるので、固定式ではなく可動式にする（写真は跳ね上げ式手すり）。

必要なため、便器まわりにはゆとりのある広さが必要となる。

脊髄損傷者の多くは、尿を排出できなくなる「尿閉」と、尿を溜めることができずに漏れてしまう「尿失禁」が組み合わさった「神経因性膀胱」になる。この症状の男性には集尿器を使用している人もおり、トイレ方法は蓄尿袋に溜まった尿の排泄となる。そのため、大きい電動車いすを利用していても、便器に近づける通路幅やブース扉幅があれば、一般トイレの利用が可能となる。

4. 脳性麻痺者のトイレ方法

(1) 脳性麻痺とは

脳性麻痺とは、出産前(胎生前)・出産時・出産後1年間に脳のある部分に損傷を受けたことにより、脳が正常に機能せず、自分の意思で筋肉を動かすことができない随意筋の機能障害があることをいう。

①跳ね上がっているサイド手すりを下げた後、便器の斜め前の位置に車いすをつけ、車いすにロックを掛け、動かないよう固定する。

②左手は縦手すりを、右手はサイド手すりを握り、車いすから腰を浮かす。

③車いすから立ち上がった後、左手は縦手すりを握ったまま、右手はサイド手すりから縦手すり横の壁に移動させながら、身体を回転させる。

④縦手すりを両手で握りながら、便器に座れるよう身体の向きを変える。

⑤サイド手すりで身体を保持しながら便器に座る。

⑥用を足す。サイド手すりや横手すりで身体を支えながら用を足す人もいる。

⑦用を足した後、左手はサイド手すりを、右手は縦手すりを握りながら、腕の力で腰を浮かす。

⑧便器から立ち上がった後、右手で縦手すりを握り身体を保持しながら、左手は車いすのハンドリムを握りながら身体を車いす側に回転させる。

⑨縦手すりで身体を保持しながら車いすに移乗する。

⑩車いすに完全移乗した後は、ハンドリムなどを握りながら体勢を整える。

写真36 脳性麻痺者のトイレ移乗の軌跡
主に便器の前方の広い範囲を使って車いすから便器に移乗している。特に縦手すりの利用度が高いため、縦手すりに近すぎる場所にボタン類やベビーキープの設置は控える。

写真35 立位が可能な脳性麻痺者のトイレ移乗(一例)

(2) トイレ方法

　脳性麻痺者で車いすを使用している人が便器へ移乗する際、介助の有無にかかわらず、縦手すりまたは横手すりで身体を支えながら、立位をとり、身体を回転させて便器に座る。便器に座ったとき、不随意運動で安定した座位をとることが難しい人は、手すりを利用するなどして身体を保持する（写真35、36）。

　立位や座位がとれない人は、床式トイレを利用する。床式トイレは、車いすの座面高さに合わせた小上がりに便器が埋め込まれている。便器までは手すりを利用しながら床を這う形で移動する（写真37）。そのため、床材は衣服に引っ掛かりにくく滑りのよいものが良い。また便器の縁が床面より出っ張っていると、利用者の怪我の要因になるため、現場での施工上、最も気を遣わなければならない（写真38）。

①車いすに乗った状態で、壁面手すりを握り、身体を床面に引き寄せる。

②壁面手すりを握りながら、車いすの座面から床面にスライドし移乗する。

③床面を這いながら、埋め込み式の便器へ移動する。

④便器前にある横手すりを握り、身体が便器上になるよう引き寄せる。

⑤便器前の横手すりを握り、身体を保持しながら用を足す。

⑥床面を這いながら、便器上から身体を移動させる。

⑦便器上から床面に移動すると、介助者が要介助者の身体を保持し、車いす側へ移動させる。

⑧介助者は一旦、床面で要介助者を抱きかかえるための体勢を整える。

⑨介助者は要介助者を抱きかかえ、床面から車いすへ移乗させる。

写真37　立位と座位がとれない脳性麻痺者の床式トイレ移乗（一例）
（写真33～36は検証実験動画より抜粋／摂南大学工学部建築学科田中研究室、日建設計「国連・障害者の十年記念施設（仮称）設計検証・評価報告書」2000、写真37は長崎県障害者福祉事業団つくも苑）

図38　床式トイレ
利用者は床面を這いながら便器まで移動する。便器の縁が床面よりも出っ張っていると、怪我をするおそれがあるので、平らにすることが望まれる。

5. 脳卒中片麻痺者のトイレ方法

(1) 脳卒中片麻痺とは

脳卒中は脳梗塞、脳出血、くも膜下出血の総称である。三大死因のひとつであるが、死亡者数は医療の進歩により年々減少傾向にある。その反面、片麻痺などの後遺症のある人が増加している。また脳卒中は、若年層と比べて高齢者層による発症率が高い疾患としても知られている。片麻痺のレベルは、屋外を歩行できる軽度から寝たきりレベルの重度まで様々である。

後遺症として片麻痺に加え、別の症状のある人も少なくない。その症状は「聴覚・言語系」「視野系」「排尿系」に大別できる。また複合的に症状を持つ人もいる（表39）。

(2) トイレ方法

杖を使用している片麻痺者が、洋式便器に移乗する際は、縦手すりや横手すりで身体を保持しながら便器に座る。トイレ介助が不要な人は、一般トイレを利用する。片麻痺の場合、左右どちらかが患側（麻痺側）、どちらかが健側（麻痺していない側）であるため、トイレブース内の手すりやペーパーホルダー、水洗ボタンを左右対称に設置することで、より多くの人が利用しやすくなる（写真40）。男性の場合、手すり付きの小便器を利用する人もいる。人により手すりの利用箇所は異なるが、麻痺している側にあまり関係なく、多くの人は前方手すりに胸をもたせかけることで身体を保持しながら用を足している（写真41、図42）。

車いすを使用している人は、トイレの際に介助が必要な人が多い。高齢者に多い脳卒中片麻痺者の介助者の多くは配偶者であることから、異性介助となる。異性介助の場合、多機能トイレを利用する。片麻痺者の多くは、身体を保持しながらであれば立位がとれるため、便器への移乗方法は、便器の前方に車いすをつけ、縦手すりや横手すりを支えに、また介助者に支えてもらいながら車いすから立ち上がり、身体を回転させて便器に移乗する。トイレ介助の内容としては、衣服の着脱やペーパーで拭く、水を流すなどがあり、麻痺の度合いにより異なる。

表39　片麻痺以外の主な後遺症状
片麻痺以外の後遺症状としては主に、3つの症状系統がある。

後遺症状系統	主な後遺症状
聴覚・言語系	言いたい言葉が言えない、出てこない 他人の話が理解できない 聞こえにくい又は難聴
視野系	視野の左半分又は右半分が見えない 視野の上半分又は下半分が見えない 左側にある物が認識できない
排尿系	尿を我慢したいのに我慢できない 尿をしようと思うのに出せない

写真40　設備配置が左右対称になっているトイレブース
右側のブースが左利き用、左側のブースが右利き用になっている。トイレ介助が不要な片麻痺者で、身体の右側が麻痺している人は、「左利き用ブース」を、身体の左側が麻痺している人は「右利き用ブース」を利用する。

（3）排尿系後遺症状のある人のトイレ状況

片麻痺に加え、尿を排出できなくなったり、尿を溜めることができずに漏れてしまうなどの排尿系の後遺症状のある人がいる。このような人の多くは特に外出時、紙おむつや尿漏れナプキンなどを着けるため、外出先のトイレでは"交換"が必要となる場面も出てくる。

女性トイレ内にはサニタリーボックスが設置されているため、トイレ介助を必要としない女性の場合は、一般トイレを利用することができる。一方、トイレ介助を必要としない男性の場合は、サニタリーボックスが一般トイレ内には設置されていないため、多機能トイレを利用することとなる。多機能トイレの利用集中を避けるため、特に医療施設や高齢者施設などでは、男女を問わず、サニタリーボックスの設置が必要となる。

6. 重度肢体不自由者のトイレ方法

症状が重度で生活のすべてに介助を要する人は、トイレでの一連の行為も当然介助を要する。外出時においては、紙おむつを着用する人もおり、その際のトイレ方法は介助者による紙おむつ交換となる。

紙おむつの交換は多機能トイレ内にある簡易ベッドで行う（写真43、44）。車いすから簡易ベッドへ移乗させる行為が発生するため、ベッドまわりには介助者の動作が十分にできる広さが必要となる。また症状が重度の人の多くはリクライニングタイプの車いすを使用しており、一般的な車いすよりもサイズが大きいため、これにも対応しなければならない。

写真41　手すり付き小便器
左右と前方の手すりにもたれかかれるようになっている。

写真43　折りたたみ式簡易ベッド (TOTO)

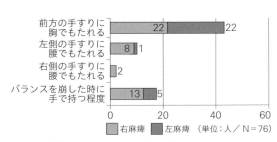

図42　麻痺側別、利用する手すり位置
多くの片麻痺者は、前方の手すりにもたれかかりながら用を足していることがわかる。
（老田智美、田中直人「脳卒中片マヒ者の後遺症状からみた外出時のトイレ利用環境に関する調査-脳卒中片マヒ者の生活環境のユニバーサルデザインに関する研究 その1-」日本建築学会大会学術講演梗概集計画系E-1日本建築学会、2011）

写真44　折りたたみ式簡易ベッドの利用
簡易ベッド上で紙おむつ交換が必要な人の中には、身体をまっすぐに横たわることのできない人もいる。ベッドの近くには設備や備品の設置を控える。

6 目の不自由な人

1. 目の不自由な人

　日本人はほかの国の人と比べて近視の人が多いといわれている。メガネやコンタクトを外すとぼやけてよく見えなくなり、目が不自由な状況になる。また、加齢に伴う症状も多数ある。たとえば、長年紫外線を浴び続けた目は黄濁化や白濁化し、全体的に濁ったように見えたり白っぽく見えたりする。それは、高齢者にとっては一般的な症状である。不自由さの程度によって障害者手帳を交付される視覚障害者となるが、目の不自由さには大きな程度差がある。

　視覚障害とは、**①視力（見る能力）**、**②視野（見える範囲）**、**③明順応・暗順応（光を感じる）**、**④色覚（色の見え方）**などの障害の総称である。

　身体障害者福祉法における視覚障害は、視力障害と視野障害に規定されている。視覚障害者はその障害内容によって1～6級に分けられてお

表45　視覚障害者障害程度等級表

等級	視覚障害	等級	視覚障害
1級	両眼の視力の和が0.01以下のもの	5級	1）両眼の視力の和が0.13以上0.2以下のもの
2級	両眼の視力の和が0.02以上0.04以下のもの		2）両眼の視野がそれぞれ10度以内のもの
3級	両眼の視力の和が0.05以上0.08以下のもの		3）両眼による視野の2分の1以上が欠けているもの
4級	1）両眼の視力の和が0.09以上0.12以下のもの 2）両眼の視野がそれぞれ5度以内のもの	6級	一眼の視力が0.02以下、他眼の視力が0.6以下のもので、両目の視力の和が0.2を超えるもの

表46　弱視の主な種類

視力障害	低視力	矯正状態においても、大きな物は見えるが小さな物はぼんやりしてくっきり見えない。光が通る部分に濁りがある患者に起こる一症状である。
	羞明	まぶしくて見えにくい状態をいう。太陽の光が強く差し込む部屋では、壁面や床面からの反射でまぶしさが増し、見たいものがはっきり見えない。
	夜盲	網膜視細胞の光を感受する機能に障害が生じ、光覚が弱くなったり、暗順応が遅くなったりする状態をいう。
視野障害	求心性狭窄	見ているものの中心部は見えるが、そのまわりは見えない。緑内障、網膜色素変性、視神経萎縮等の病気により起こる。
	中心暗点	物の中心部は見えないが、周辺部は見える。視力に最もかかわる黄斑部の病気であり、加齢性黄斑変性や黄斑円孔などの場合に起こる。
	半盲	半盲には、視神経交叉の中央部が障害を受け、両眼の耳側半分の視野が欠損する両耳側半盲と、視索・外側膝状態・視放線・後頭葉の障害により両眼の右半分の視野が欠損する右側同名半盲、両眼の左半分が欠損する左側同名半盲がある。
緑内障		眼圧の昂進により、視神経が萎縮する病気で、視力低下と視野障害を伴う。進行すると求心性狭窄となる。
糖尿病網膜症		糖尿病が原因で網膜出血や硝子体出血を繰り返し、視力が低下していく。硝子体が混濁するのでコントラストの低いものは見えにくくなる。
加齢黄斑変性		網膜の黄斑部が変性する病気で、視力低下のほかに、中心暗点を伴い、色覚機能も低下する。
加齢白内障		水晶体が白く濁る疾患で、すりガラスを透して見た状態の見え方になるといわれている。

り、一般に視覚障害を語る場合、全盲者(盲)と弱視者(ロービジョン)の2つに大きく分けられる(表45)。

弱視の場合、症状によって見え方が異なる(表46、図47)。

2. 全盲者へのトイレ環境配慮事項

全盲者が不自由なくトイレを利用できる主な配慮には、①**建物内のトイレまでの誘導**、②**男女のトイレ入口の認識方法**、③**ブース内の設備(便器の位置や水洗ボタンの位置)の認識**、などがある。

視覚障害者の多くは、白杖を利用した歩行訓練を受けている。歩行方法には「タッチテクニック」「スライド法」「白杖による伝い歩き」などがあり、それぞれ白杖の先端で歩行環境の情報収集を行うもので、これらは触覚を活用した方法である。この方法でトイレまでの移動やトイレ内の情報を収集するため、全盲者にとってのトイレ環境はシンプルなほうがよい。

特にトイレブース内では白杖や手で直接触ることで、どのような空間構造になっているか、什器の位置や設備の位置を確認する。そのため、広くて多様な設備がある多機能トイレよりは、狭い一般トイレのほうが利用しやすい。ただし、不衛生な環境は視覚障害者にとって心理的・物

「羞明」の見え方イメージ

「求心性狭窄」の見え方イメージ

「緑内障」の見え方イメージ

「加齢黄斑変性」の見え方イメージ

図47 症状別の見え方イメージ

写真48 全盲者によるトイレブース内の情報収集
全盲者は空間認識する際、白杖と手、足などの触覚を使って行う。

理的なバリアとなる。(写真48)。

初めて訪れる建物の場合、同伴者がいることが多い。同伴者が同性の場合、トイレ内部まで同伴可能となり、扉の鍵の位置や水洗ボタンの位置などを伝えてもらうことができる。逆に同伴者が配偶者などの異性の場合、トイレ内部では一人となるため、各設備位置の認識が大変になる。多機能トイレがある場合、異性同伴者が中まで入り位置説明をすることは可能であるが、視覚障害者がトイレを済ませた後、便器位置から手洗い、そして鍵を開錠して外へ出る行為は、トイレ内部が広い場合困難をきたす。多機能トイレの設備は、視覚障害者にとっては情報量の多さによる混乱につながってしまう(表49)。

3. 弱視者へのトイレ環境配慮事項

公共空間における視覚障害者への配慮の多くは、点字ブロックや音声案内、触知案内板である。トイレの場合は、男性・女性トイレのそれぞれの入口に内部レイアウトを示した触知案内板と、便器前の立ち位置を知らせる点字ブロックの敷設などが挙げられる。これらの配慮は全盲者が基本となる。

加齢により目が見えにくくなった人を含めると、弱視者の数は多い。視覚の残存能力に頼ることの多い弱視者に対しては「見えやすい環境」をつくることが重要となる。

公共施設のトイレ入口の認識に有効なのは男

表49 同伴者の有無別、外出先トイレの機能

同性の同伴者と一緒の場合		便器前まで同伴者に連れて行ってもらえ、なおかつ水洗ボタンの位置なども教えてもらえるのでトイレの利用がストレスなくスムーズにできる。
異性の同伴者と一緒の場合	一般トイレの利用	トイレ入口でトイレの配置状況を聞くことができる。ただし、そのためにはトイレ入口にトイレ配置図や触地図が設置されている必要がある。
	多機能トイレの利用	異性の同伴者でも便器の位置や水洗ボタンの位置を事前に教えてもらうことが可能となる。
単独の場合	一般トイレの利用	トイレ入口の触地図によりトイレの配置情報を得る。
	多機能トイレの利用	各種設備の配置を伝える音声案内があれば、広くても利用可能となる。

写真50 性別カラーとピクトグラムを大きく表示したサイン
壁面を大きくサイン表示に活用しているため、遠目からでも視認性が高くなる。
(神戸空港旅客ターミナル、兵庫県)

写真51 コントラストを強調したトイレ内部
白い什器と赤色の配置で、コントラストを活用し、弱視者に什器位置を示している例。
(イオンレイクタウン、埼玉県)

女のピクトグラムを表示したサインであるが、視野が狭い人に対しては、どの場所からも視野に入る大きめのサインが有効である。またコントラストの認識力が弱い視力低下の人に対しては、「男性＝青色」「女性＝赤色」といった性別カラーの面積が大きいことで、トイレ入口の視認性を高めることができる（写真50）。

トイレ内部は清潔感を出すアイテムとして"白い空間"にすることが多い。白い壁や床に対し、白い便器、そして明るい照明のあるトイレ空間は、羞明や白内障、緑内障の人にとっては空間認識ができなくなる。仕上げ材による色の強弱、照明の強弱によりコントラストをつけることが弱視者にとっての空間認識の補助となる（写真51）。

4. 日本人男性に多い色覚異常

色覚異常とは、網膜に存在する色を感じる3種類の細胞のいずれかが欠損していることである。そのため大多数の人と色の感じ方が異なる。そして欠損している細胞の種類によってタイプが分けられる。

色覚異常には先天色覚異常と後天色覚異常があるが、多くは先天色覚異常である。その中でも先天赤緑色覚異常が多く、日本人男性の約20人中1人に見られ、女性は約500人中1人に見られる。また先天赤緑色覚異常は、赤い光を主に感じる細胞の欠損のP型と、緑の光を主に感じる細胞の欠損のD型をひとくくりにした呼び方

通常の見え方

赤色が感じ取りにくいP型の見え方イメージ

写真52　先天赤緑色覚異常の見え方イメージ
トイレ入口のサインの場合、女性トイレの赤色がそれぞれ異なって見える。赤色が感じ取りにくいP型では、赤色は茶色のように見える。緑色が感じ取りにくいD型では、黄土色のように見える。

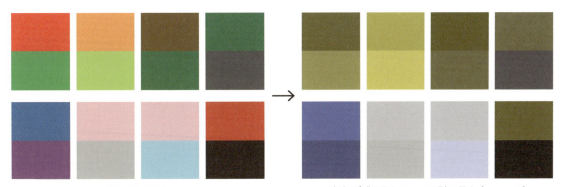

通常の見え方　　　　　　　　　　　　　　　　　赤色が感じ取りにくいP型の見え方イメージ

図53　先天赤緑色覚異常の人が見分けにくい色の組合せ

である（写真52）。

先天赤緑色覚異常では、配色によって見分けがつきにくいことがあるため、トイレの案内サインやトイレ内の仕上げの配色には気をつける（図53）。

5. トイレ内設備配置の統一化

過去に私たちが実施した視覚障害者のトイレ環境整備の要望ヒアリング調査の結果、要望に関するキーワードは"統一化"であった（表54）。手で触りながらトイレ設備の配置を認識する視覚障害者においては、特に水洗ボタンやペーパーホルダー、呼出しボタンなどの配列は重要である。

この問題に対する解決はJIS（日本規格協会）が定める「JIS S 0026：公共トイレにおける便房内操作部の形状、色、配置及び器具の配置」に準じてボタン類を配置することである。基本的に、水洗ボタン、ペーパーホルダー、呼出しボタンに関するものだが、そのほかに、手すりや手洗い器が設置された際の配置位置も決められている（図55）。しかし現状として、この配置どおりにボタン類が設置されているかどうか不明であるとともに、ショッピングセンターなどのサービス系施設においては、自動水洗や、水洗音を流す擬音装置、便座クリーナー用ディスペンサーなども設置されている（写真56）。晴眼者にとっての配慮は、視覚障害者にとってのバリアとなっているのが現状である。

表54　視覚障害者が希望するトイレ環境

- トイレブースの扉の形状や扉の開く方向は統一してほしい。
- 鍵は回転式の大きなものがよい。
- トイレブース内の各ボタン類は、便器に座った目の高さにないとわからない。
- 様々あるボタン類は、その区別がわからない。
- 呼出しボタンなどの大事なものは、特に突起をつけて、ほかのボタンと区別できるようにしてほしい。
- 小便器の上部に色をつけてほしい。

（摂南大学工学部建築学科田中研究室、日建設計「国連・障害者の十年記念施設（仮称）設計検証・評価報告書」2000）

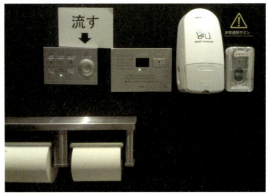

写真56　様々な設備が配置されているトイレ
視覚障害者のトイレ利用にとって重要となる水洗ボタンの位置がわかりにくくなっている。

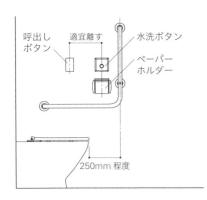
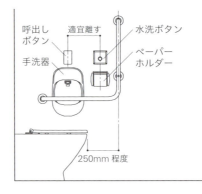

図55　JIS S 0026に定められている器具の配置
標準配置（左）と、手洗い器の設置タイプの配置（右）

7 耳の不自由な人

1. 耳の不自由な人

　耳の不自由な人には、加齢に伴い鼓膜が硬化することで"耳が遠く"なった人、先天的または病気など何らかの原因により聞く力が不十分（難聴）な状態の人、ほとんど聞こえない（聾）状態の人がいる。

　聞く力が不十分であったり非常に聞こえにくい状態を指す難聴は、5段階の程度に分類される（図57）。

2. 困り事への配慮

　外出先の建物内で、人にトイレの場所を尋ねた経験のある人は少なくないだろう。人との会話が困難な耳の不自由な人にとって、トイレの場所の見つけやすさ、誘導案内はとても重要である。特に加齢による視力や視覚機能の低下で、案内サイン自体を見つけられない高齢の聴覚障害者もいる。あらゆる状況の人の存在を勘案した配慮が不可欠である。

軽度難聴
○小さな声での会話や遠く離れた人との会話の声が聞き取りにくい。
○10名程度で行われる会議での会話の理解が困難。
○騒音下での会話も理解が困難。

軽中度難聴
○普通の会話レベル（60dB）での会話に対し少々不自由を感じる。
○正面からの大きな声での会話は理解することができる。

中高度難聴
○大声で話されても理解できない場合がある。
○後ろからの話しかけには気づかないことがある。

高度難聴
○聴覚のみの会話聴取は難しい段階。
○耳元30cmの距離からの大声も聞き取りにくい。

重度難聴
○補聴器を使っても聴覚のみの会話聴取はできない状態。
○この状態は社会的聾ともいう。

図57　難聴者の聞こえのレベル

外出先でのトイレはプライバシーを守らなければならない空間である。そのため、自分自身が聞こえないことと、はたから見て聞こえない状態であることを理解されにくいことから、トラブルが起きることもある。

　トイレブース内にいる際、ノックの音が聞こえず扉を開けられてしまったり、逆にノックの返事が聞こえず扉を開けてしまった経験を持つといったことである（図58）。特に女性の場合、外にトイレの音が漏れていないかなどを気にする人もいる（図59）。

　混雑しているとき、トイレ待ちの"待ち空間"と手洗い場が一緒になっている狭いトイレの場合や、逆に空間が広すぎて、明確な"待ち空間"がわからない場合、またトイレ待ちの人なのかそうではないのかわからないこともある。人に尋ねることが困難な聴覚障害者にとっては、トイレ内の明確な動線はとても重要になる（図60、写真61）。

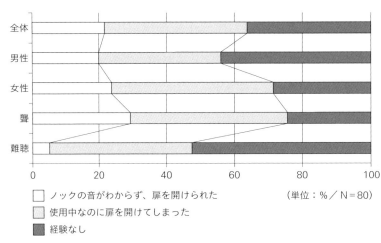

図58　外出時トイレでの困った経験の有無
特に聾の人は、トイレ使用中にトイレブースの扉を開けられたり、逆に開けてしまったりしている。調査回答者の約7割の人が経験している。
（老田智美「公共トイレのユニバーサルデザイン化に向けた整備手法に関する研究」学位論文、東京大学、2006）

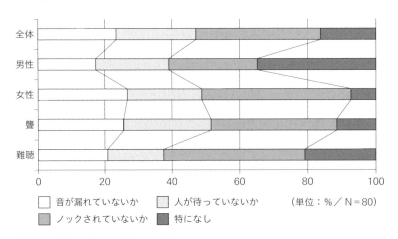

図59　外出時のトイレ使用中に気になること
特に聴覚障害の女性は、トイレブースの中で様々なことを気にしていることがわかる。
（老田智美「公共トイレのユニバーサルデザイン化に向けた整備手法に関する研究」学位論文、東京大学、2006）

3. 緊急時への配慮

　聴覚障害者が外出時に意識しているのは、外出先での的確な情報入手である。特に緊急時などの聴覚障害者への情報提供の方法が問題となる。トイレブース内の密室空間では警報音や緊急放送は聞こえず、不安を持つ聴覚障害者は多い。近年ではトイレ内部に緊急時に光るパトライトが設置されている施設も増えつつある（写真62）。

図60　トイレの混雑時の困り事
トイレの順番待ちをしているのかどうかわからない状況の混雑したトイレ内は、人に聞くことができない耳の不自由な人にとっては困り事のひとつとなる。

写真61　整列ライン
トイレの入口からトイレブースのあるところまで距離がある場合は、目の不自由な人への誘導としてリーディングラインを引くと有効であるが、それ以外のトイレ利用者にとっても、トイレの順番待ちのガイドとなる。
特に不明なことを人に聞けない耳の不自由な人にとっては、混雑時のトイレ内でも、トイレ待ちの列がはっきりとわかるので有効である。
（イオンモール名取、宮城県）

種類と色の異なるタイルにより敷設したリーディングライン

混雑時、自然発生的にリーディングライン上に並ぶ人々

写真62　トイレ内の緊急時用パトライト
警報音や緊急放送が聞こえない人に対しては、緊急時に光が点滅するパトライトは有効である。
（イオンレイクタウン、埼玉県）

column

男女"別"トイレと男女"共用"トイレ

広がりを見せるトイレのあり方

小さなカフェやレストランなどのトイレへ行くと、"男女共用（兼用）"となっている場合がある。それ自体、個人的には違和感はない。しかし駅やデパートといった公共的な施設のトイレが男女共用になれば、少々戸惑ってしまうかもしれない。

2015年、デンマーク第2の都市オーフスのいくつかの施設を訪問した際、男女共用トイレを実際に経験した。一般的なトイレブースよりも広い、便器と手洗い器がワンセットとなった完全個室トイレが数個並び、その中に身障者用トイレも配置されていた。デンマークでは男女共用トイレが広まりつつある理由のひとつに、性的少数者（LGBT*）への配慮があるようである。日本の場合、公共的な施設のトイレは"男女別"が主流である。そのため、学校や職場でのトイレや更衣室の性別について悩んでいる人たちがいる。そんな中、「多機能トイレ」を利用できるようにしようという動きがある。

*LGBTとは、四つの言葉の頭文字
L＝レズビアン。女性の同性愛者。
G＝ゲイ。男性の同性愛者。
B＝バイセクシュアル。両性愛者。
T＝トランスジェンダー。心と体の性が一致しない人。

多機能トイレに求められる課題と可能性

日本の公共的な施設にある男女共用トイレといえば「多機能トイレ」。近年の多機能トイレは広いスペースの中に、手すりが備わった便器のほか、おむつ替え台や大人も利用できる折りたたみ式のベッド、オストメイト用の流し台が設置されている。そのため、車いすを利用している人以外に、赤ちゃんを連れたお母さんたちをはじめとする様々な属性の人の利用が増えている。併せて、高齢社会を背景に、男女共用であるこの多機能トイレの需要は高まっている。

バリアフリーやユニバーサルデザインの対象者を語るとき、"高齢者""障害者"と分けた言い方をすることがあるが、国の統計では身体障害者の65歳以上の人数が増加傾向にあることから、"高齢障害者"も多いことが確認できる。その要因のひとつに高齢者がかかりやすい病気があり、その後遺症が考えられる。高齢期の病気が原因で身体が不自由になった場合、その介助は配偶者や子どもなど、家族に委ねられる傾向にある。そのため異性介助になる割合が高くなる。このことが男女共用である多機能トイレの需要が高まる要因のひとつである。

2004年に身体の不自由な人を含む20～80代の805人に調査を行った。質問は「男女共用トイレを希望しますか？」。結果、身体が不自由な人ほど希望していることがわかった。

日本では、「トイレの際、配偶者などの異性による介助が必要な人が増加する」という観点から、男女共用トイレを検討する時期がくるのではないかと考えている。まずは病院や福祉施設など、施設用途で男女共用トイレの導入を検討してもよいかもしれない。

写真　デンマークの公共施設にある男女共用トイレ
便器と手洗い器がセットになった部屋タイプの個室トイレが複数並んでいる（写真上、写真下）。同じ並びにはシャワーつきの多機能トイレもある（写真中）。

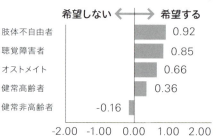

男女共用トイレの設置希望度
（老田智美「公共トイレのユニバーサルデザイン化に向けた整備手法に関する研究」学位論文、東京大学、2006）

3章 属性別トイレの計画・デザイン

　多様化するトイレ利用者に「ユニバーサルトイレ」として、どのように対応し、具体的なデザインとするかが求められる。

　本章では、トイレ環境に求められる1.安全・安心、2.衛生、3.快適さ、4.使いよさ、といった4つの視点から、利用者の属性ごとに、その計画やデザイン手法について考える。国や各自治体のバリアフリー基準をふまえ、さらに"プラスα"となる配慮事項について、事例写真やイメージパースを用いて、より具体的にユニバーサルトイレを提案する。

1 多様化するトイレと機能の分散化

1. 多様化するトイレ機能

　近年の公共トイレは「男女トイレ（一般トイレ）」と「多機能トイレ」がセットとなって設置されるのが基本となっている。多機能トイレには、車いす使用者が利用できるスペースの確保はもちろんのこと、ベビーキープや折りたたみ式のベッド、オストメイト用の流し台などが設置され、多様なニーズに対応した文字どおりの多機能トイレである。このトイレは2003年のハートビル法改正に伴い「多機能便房」として表記されている。

　それ以前の多機能トイレは「車いすを使用する者専用の便房」として整備されていた。公共トイレの主流が和式便器だったため、洋式便器と手すりが設置された広い便房は、足が不自由な人たちにとっての外出頻度を高める大きなきっかけになった。

　多機能トイレの主な利用対象者は、車いす使用者や杖使用者、乳幼児連れの人、オストメイト（人工肛門・人工膀胱の保有者）、介助が必要な人などである。そしてその人たちが利用しやすいよう個々に設備が配置されている。利用対象者別に、多機能トイレの設備には選択肢の幅がある。

2. トイレ機能の分散化

　多機能トイレが文字どおり"多機能化"するに

多機能トイレブース

<幅 2,500mm× 奥行 2,500mm>
多機能トイレブースは介助が必要な人とオストメイトの利用を優先に考え、設備も折りたたみ式ベッドとオストメイト用流し台のみとし、機能を絞っている。それにより、大型の車いすを停めるスペースと介助者が動くスペースを確保することが可能となる。

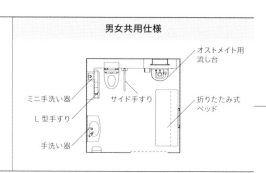

男女共用仕様

標準ブース

<車いす使用者非対応トイレ>
標準ブースは一般的な広さのものである。寸法は、幅 1,100 mm × 奥行 1,500 mm ほどの広さにすることで、乳幼児と一緒に大人1人が入ることができ、またベビーキープを設置することが可能となる。
同じ広さのブースで便器をパウチがすすげるノズル付きのものにし、手洗い器を設置すると、オストメイト対応の仕様にすることができる。

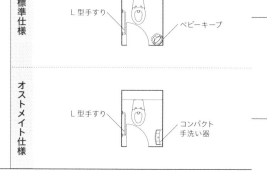

あたり、車いす使用者からは「たくさんの設備がバリアとなり、車いすでの動作が困難」、介助が必要な人からは「異性介助で、多機能トイレ以外は利用できないのに、いつも使用中になっている」という意見が聞かれる。そのため、以前のように障害者専用にしてほしいという意見も出始めている。

トイレのユニバーサルデザイン化には"多目的トイレの集中導入"の傾向が見られる。上記の意見を解決する手法のひとつとしては、一般トイレも含めたユニバーサルデザインの"分散導入"が必要である。

3. トイレブースの種類

トイレブースの大きさを工夫することで、今まで多機能トイレしか利用できなかった人が、一般トイレを利用することができる。また、多機能トイレ内にのみ設置していたベビーシートを一般トイレ内に設置することで、多機能トイレへの集中利用を減らすことができる。

ここでは、トイレブースのサイズの違いと導入する設備の違いで可能になる、トイレ利用対象者についてまとめる。トイレブースのサイズは利用者が有効に使えるスペースの確保が前提となる。導入する設備の大きさや配置方法が重要となる(図1)。

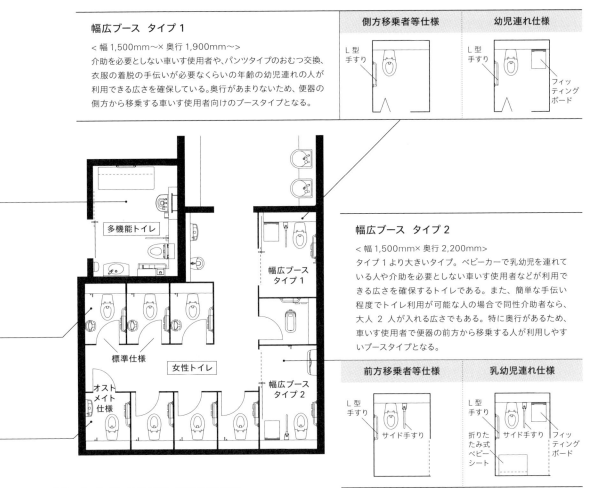

図1 トイレブースの種類・機能と配置例

② アクセシビリティとロケーション

1. トイレの位置と誘導

公共施設におけるトイレの位置は、施設の端やメインの動線からやや離れた場所が一般的である。そのため、だれでも一度はトイレの場所を探すのに苦労した経験があるだろう。施設によっては、男性トイレと女性トイレが別の場所や異なる階に設置されている場合もある。

トイレの位置は主に、①**部屋の並びにある場合**、②**メイン通路から分岐した専用通路にある場合**、が考えられる。部屋の並びにトイレがある場合で、トイレ入口に扉がついている場合は、ほかの部屋と間違えないよう、わかりやすい「サイン」の設置が必要となる（写真2）。

メイン通路から分岐した専用通路にトイレがある場合、メイン通路からの誘導が必要となる。メインの動線上に様々な情報がある場合、誘導サインのみならず、空間全体でトイレに誘導する工夫が求められる。床や壁、天井などを活用した誘導サインを取り入れることで、誘目性を高めることができる。

トイレまでの通路が長い場合は、リーディングラインなどを引くことで、途中に誘導サインを必要以上に設置しなくてもよくなる。また、通路に手すりの設置が必要な施設の場合、壁の色と対比した色の手すりにすると、それ自体が弱視者への誘導ラインになる。目の不自由な人の利用が多い施設の場合は、床の材料を貼り分け、異なる色を配色した床のリーディングラインを施すことで、点字ブロックの代わりとなり、トイレまでの誘導歩行支援になる（写真3）。

2. 各トイレの配置

男性トイレ、女性トイレ、多機能トイレなどの各入口の配置は、なるべくシンプルな並びとし、前面通路から各トイレサインが見えるほうがよい（図4）。避けるべきは各トイレの入口がどこにあるのかわからなかったり、男女のトイレの入口が間違いやすかったりすることである。また、各トイレの入口の手前で利用者が躊躇しないようにすることも必要である。なおかつ、トイレの入口の並びは、なるべく各階共通にすることが望ましい。目の不自由な人は、配置によって、どのトイレなのかを判断する助けになるからである。

トイレへの通路が一方向の場合、奥から女性トイレ、多機能トイレ、男性トイレの並びが好ましい。トイレ内部を見られたくない女性にとって、男性が女性トイレの前を通行できないほうがよい。またトイレ滞在時間が長く、待つ人が多くなる女性トイレ入口まわりは、トイレ外まで行列ができた際、通路の突き当たりにトイレ入口があることで、通行の邪魔にならない。

多機能トイレの利用者には、異性介助者と一緒に利用する人もいる。なるべく男性トイレと女性トイレの中間位置に配置するほうがよい。

写真2　部屋の並びに位置する各トイレ入口のサイン
トイレの扉や入口の一部の壁に色をつけることで、ほかの部屋との違いを直感的に知らせている。
（兵庫県福祉センター、兵庫県）

写真3　メイン通路から奥まった位置にあるトイレへの誘導方法
周辺に様々な情報がある中、壁・床・天井を活用して奥へ誘導している。
（イオンレイクタウン、埼玉県）

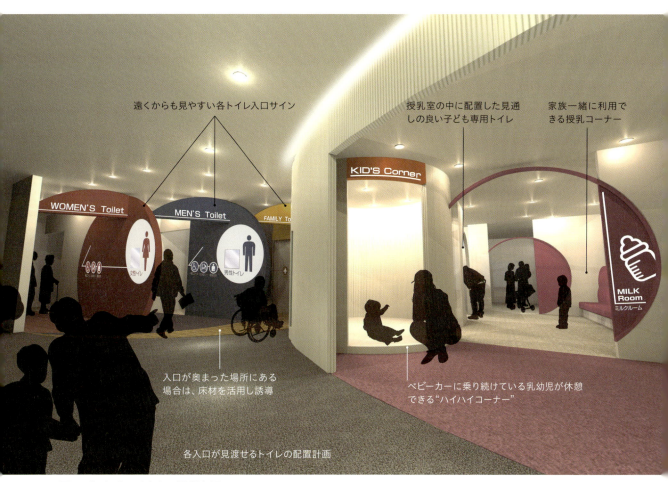

図4　トイレ入口まわりの配慮事項
（図は設計段階のイオンレイクタウン、ユニバーサルトイレのイメージパース）

3 男性と女性のトイレ計画・デザイン

安全・安心
- 防犯に配慮し死角にならないトイレ入口の配置をする。不特定多数が利用する施設では、トイレ前に休憩エリアを設けるなど、利用による監視ができるような工夫をする。
- 死角がある場合は、防犯カメラや緊急ボタンを目立つように設置することで、抑止力を高める。
- 手洗いコーナーの床材は、水に濡れても滑りにくいものを使用し、床にはつまずきの原因となるマットはなるべく敷かないようにする。

衛生
- 手を洗う際の荷物置き場は、水はねで汚れている場合も多いカウンターは避け、荷物用のフックの設置、またはライニングに荷物が置けるよう奥行を設ける。
- 小便器周辺の汚れ防止のため、汚れにくく掃除しやすい床材を使用するのはもちろんのこと、"こぼさない"ためのしかけなども検討する。
- 汚れやごみ散乱の誘発を防ぐため、トイレブース内のサニタリーボックスは、便器に座った状態で容易に手の届く場所に設置する。

快適さ
- 男女のトイレ利用にかかる時間は異なるため、複数名で利用するような施設のトイレ前には、待ちスペースや休憩スペースをつくる。
- 劇場や高速道路のサービスエリアなど、同時間帯にトイレ利用者が重なる施設のトイレでは、男女トイレの便器数が変更可能なシステムの導入を検討する。

使いよさ
- オフィスビルなど施設用途に応じて、パウダーコーナーや歯磨きスペースなど、必要な行為ができるようにする。
- 不特定多数が利用する施設の女性トイレにパウダーコーナーを設置する際は、車いす使用者も利用できるよう鏡やポーチ置き台の高さを設定する。
- 男女トイレ共におむつ替えができる場所や幼児が座れるベビーキープを設置する。
- トイレ利用時の荷物は、ライニングに置けるよう奥行を設ける。また荷物が倒れ落ちないよう、傾斜をつけるなどの配慮をする。

写真5　防犯に配慮した商業施設のトイレ前の環境
（イオンモール和歌山、和歌山県）

写真6　トイレ入口に設置された防犯ランプ
トイレ内に設置されている非常用ボタンを押すと、トイレ入口上部のランプが光ることで、トイレ内部の異常を知らせる。
（名古屋市内の駅のトイレ）

写真7　車いす使用者も利用できるパウダーコーナー
（モゾ ワンダーシティ、愛知県）

写真8　荷物を置いたり、傘などを引っ掛けられる仕様になっているライニング
ライニングの手前が立ち上がっているため、どこにでも傘や杖を引っ掛けることができる。
（イオンタウン黒崎、福岡県）

だれかが便器まわりを汚すと、次に利用する人が床の汚れを避けて用を足すのでさらに汚れが広がるという悪循環が起こる。

↓

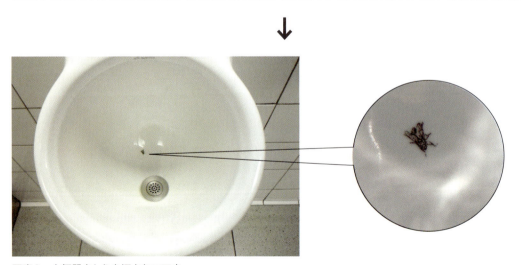

写真9　小便器まわりを汚さない工夫
「男性は"ターゲット"があると、それを目がけて用を足す」という習性を利用して、ハエの絵がプリントされている小便器（オランダ）

3章　属性別トイレの計画・デザイン

図10　リバーストイレの例

リバーストイレとは、平日と週末で男女トイレの便器数を変えるトイレ。高速道路のサービスエリアの場合、平日はトラックや社用車などを運転しているビジネスユーザーが多く、トイレ利用の80％が男性になる。そのため平日のリバーストイレは男性用トイレとなる。逆に週末は観光客などで女性の利用が増えるため、リバーストイレは女性用トイレとなる。
（第二神明道路 明石サービスエリア、兵庫県　「TOTO・COM-ET」より抜粋）

幼い子どものトイレ計画・デザイン

安全・安心
- トイレブースの扉に指を挟まないようなつくりにする。
- 床材は水に濡れても滑りにくく、かつ転んでもあまり痛くない素材のものを選ぶ。
- 幼児の目線の高さには角ばったものの配置は避ける。設置する場合はコーナーガードなどを付ける。
- トイレブース内にベビーキープを設置する際は幼児の手が鍵に届かず、手足が手すりなどにぶつからないよう、ベビーキープの位置を決める。
- 大人が見守りながら子どもが安心してトイレを利用できる配置計画を行う。

衛生
- 便器まわりやおむつ交換のベビーベッドまわりの床材は防汚性・防臭性が高く、掃除しやすいものを選ぶ。
- おむつ用のごみ箱に、消臭機能が付いたものを設置する。
- おむつ交換のベビーベッドがトイレから離れた場所に独立して設置されている場合は、ベビーベッド近くに手洗い器を設置する。
- 授乳室内におむつコーナーがある場合は、視覚的な配慮とともに高い換気機能を導入する。

快適さ
- 幼児が外出先のトイレを怖がらず、親しみやすく楽しい気持ちでトイレが利用できるようデザインする。
- 音に敏感な子どももいるので、突然に作動する自動水洗やジェットタオルなどの"音"の出る設備はなるべく控える。
- ベビーカーやおむつなど、たくさんの荷物があることを前提に、その置き場に配慮した便器まわりやブースの広さを確保し、ゆとりのあるトイレ環境にする。

使いよさ
- 乳幼児の利用が多い施設では、月齢・年齢に応じたトイレ環境を整備する。
- ファミリーでの利用が多い施設では、親子一緒、または兄弟一緒に利用できる"親子トイレ"を整備する。
- トイレトレーニング中の子どもが利用するトイレには、"立ち位置"を表示するなど、楽しくトイレが利用できる工夫をする。

身長の違いで利用できるトイレを示した扉サイン

幼児用トイレブースのパネルと扉をストッパーで隙間をあけることで、指を挟まないようにする。
(イオンタウン姫路、兵庫県)

1～2歳用と3～4歳用の子ども用トイレが用意されている。やさしい色使いと、子どもの目の高さの仕切りが、利用する子どもに安心感を与えている。

身長の違いに配慮した、高さの異なる男児用小便器

便器前の立ち位置を示す足形のサイン

図11　**子どもトイレの整備の例**(イオンタウン南城大里、沖縄県)

子ども専用トイレの内部
子ども用の手洗い器を中心に、内部をめぐるようにデザインされている。各トイレは色分けされ、色彩を多用することで、楽しさの演出も行っている。

見守りトイレ
親に見守られていれば子どもも安心して用が足せるトイレ。手前が男児用、奥が女児用。

子ども専用トイレの入口
月齢・年齢により異なる使用方法に対応したトイレ。様々な"トイレめぐり"ができるようなプランになっている。

一人でできる男児・女児用トイレ
一人でトイレができる男児・女児用のトイレ。3歳からの利用を想定した便器を設置している。女児トイレは便座が高いブースと低いブースの2種類ある。

子どもが靴を脱いで休憩できるコーナー。壁面には遊具が設置されている。

親子トイレ
大人用と幼児用の便器が並ぶトイレ。親子一緒に利用できる。親子トイレの横にはおむつ替えコーナーがある。大人と二人以上の子どものトイレ利用に配慮している。

壁面と一体になっている休憩ベンチコーナー。休憩のほか、親や祖父母が子どものトイレを待つスペースにもなっている。

図12　月齢・年齢別子どもトイレ（イオンレイクタウン、埼玉県／設計：NATS環境デザインネットワーク）

図13 親子トイレのデザイン提案と配慮事項
（壁面の柄：インプレスジャパン編集部編『エコ素材集』）

	一般トイレの中	一般トイレの入口付近	多機能トイレの並び
メリット	一般トイレの中の1つのブースを親子トイレにするので設置しやすい。	アクセスしやすい。トイレの順番待ちをしなくてよい。	アクセスしやすい。親子連れ専用として利用できる。
デメリット	ほかの大人に混じってトイレの順番を待たなくてはならない。	親子に関係なく利用する人がいる。整備面積の確保が難しい。	整備面積の確保が難しい。

図14 親子トイレの配置場所のメリットとデメリット
親子トイレの利用者はベビーカーや大きな荷物を持った人、数人の子どもを連れている人が想定されるため、トイレまでの通路幅が広く、入りやすい場所が適している。
（上原健一、老田智美、田中直人「小学校未就学児連れ来館者の大型ショッピングセンターにおけるトイレ形態選択の要因-大型ショッピングセンターにおけるユニバーサルデザインに関する研究その2-」日本建築学会大会学術講演梗概集計画系E-1日本建築学会、2013）

女性専用の個室授乳室
母乳による授乳をするための女性専用の個室スペース。ベビーカーごと入れ、また乳児の幼い兄弟も一緒に入れるスペースを確保する。

男女兼用の授乳コーナー
男女兼用で利用できるオープンタイプの授乳コーナーで、哺乳瓶からの授乳とする。そばには調乳コーナーを設置する。

おむつ替えベッドとつかまりおむつ替え台
おむつ替えベッドのまわりにはベビーカーを置けるスペースが必要となる。またベッド横には替えのおむつなどの荷物を置く台も不可欠である。パンツタイプのおむつ交換が必要な子どもは立った状態が交換しやすい。掴まる手すりまわりは幼児の気を引く色使いとし、おもちゃなどを用意しておくと、おむつ交換がスムーズになる。

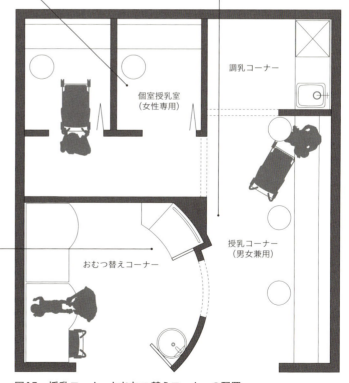

図15 授乳コーナーとおむつ替えコーナーの配置
機能には一体化が望まれるが、授乳や離乳食を食べさせる授乳コーナーとおむつ替えコーナーは視覚的に切り離す。
(イオンレイクタウン、埼玉県／設計：NATS環境デザインネットワーク)

5 お年寄りのトイレ計画・デザイン

安全・安心
- 加齢による黄濁化や白濁化で色の差が認識しにくいため、コントラストのある環境にする。
- 床材は水に濡れても滑りにくく、かつ転んでもあまり痛くない素材のものを選ぶ。
- 水に濡れやすい床部分に敷くマットは、つまずきや杖などの引っ掛かりの原因となるので避ける。
- トイレブース内には緊急時用の呼出しボタンを設置する。高齢者居住施設では、一定時間動きがない場合にスタッフへ通報が行くシステムを導入する。

衛生
- お年寄りの利用度の高い施設には、紙おむつ使用の人の存在も想定し、男女それぞれのトイレブース内におむつ用の消臭機能付きごみ箱を設置する。
- 介助が必要なお年寄りが利用する施設のトイレの床材は、防汚性・防臭性が高く、掃除しやすいものを選ぶ。
- トイレ内で粗相をした際、自身でもその場で下着や衣服が洗えるよう、シンクもトイレ内に一体的に配置する。

快適さ
- 加齢に伴う排泄機能の低下でトイレに要する時間が長くなることを前提に、高齢者居住施設などでは居室と一体化した落ち着くデザインを導入するなどの配慮が必要である。
- 認知症に伴い、トイレの場所がわからなくなることがあるため、高齢者居住施設などでは、トイレサインとともに目印になるものを設置する工夫が必要である。

使いよさ
- 便座への立ち座り用の縦手すりと、体勢を保持する横手すりはセットにする。
- 眼の黄濁化への配慮として、便器まわりを照らすように照明器具を配置する。
- 力をかけず、指先が不自由な人でも操作しやすいドアノブや鍵、カットしやすいペーパーホルダーを導入する。
- 鍵の施錠状態や使用中であるかどうかがわかりやすい表示とする。
- お年寄りが外出時に使用する杖や手押し車などの置き場にも配慮した便器まわりやブース広さを確保する。

杖や傘を立てられるくぼみがあるライニング

国内の高齢者利用が多い施設の場合、表示はなるべく日本語にする。英語やピクトグラムのみの場合、伝わらないことがある。

消臭機能付きのごみ箱。尿漏れパッドや紙おむつなども捨てられる大きさにし、ビルドインにすることで便器まわりの邪魔にならないようにする。

滑りにくい材料で握りやすい手すり

光で強調する水洗ボタン

緊急用の呼出しボタン

ライニングの奥行を広くすることで荷物を置きやすくする。

加齢により、指先の動きが不自由な人も多いので、トイレの鍵は操作方法がわかりやすく、掴みやすい形状のものにする。

加齢により視力や色覚機能が低下していても、便器の位置がわかりやすいよう、腰壁の色を濃い色にするなど、便器とのコントラストをつける。

図16 高齢者が多く利用する施設系トイレのデザイン提案と配慮事項

写真17 "回想法"を活用したトイレサイン
(特別養護老人ホーム、京都府)
(田中直人、老田智美、彦坂渉「高齢者居住施設へのレミニセンス事物設置による行動・心理症状の変化-レミニセンスによる認知症高齢者の感覚的行動を用いた環境整備手法に関する研究-」日本建築学会大会学術講演梗概集計画系E-1日本建築学会、2013)

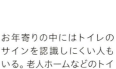

既存サイン

お年寄りの中にはトイレのサインを認識しにくい人もいる。老人ホームなどのトイレサインは、目印になるものの導入も検討する。写真は「吊り手水」。

図18 一部介護が必要なお年寄りが利用する住宅トイレの配慮事項
(A邸／設計：NATS環境デザインネットワーク)

前方手すり

姿勢の保持が難しい人や排泄に時間を要する人にとって、前かがみになれる前方手すりは、体力負担の軽減に有効である。(LIXIL)

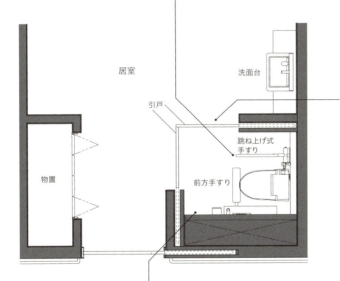

2面を引戸にすることで、引戸を開放すると、トイレの区画寸法が狭くても、車いすに乗った状態で便器まで近づくことができる。

壁面とコントラストをつけた赤いひもを引っ張ることで、倒れた状態からでもボタンを作動させることができる。(オランダ)

人が倒れても手の届く高さの壁面に、非常用ボタンから延長したひもをめぐらす。非常用ボタンから離れた場所でもボタンを作動させることが可能となる。

図19 高齢者居住施設の個室トイレの配慮事項

⑥ オストメイトのトイレ計画・デザイン

安全・安心
- パウチなどのすすぎ作業があるため、床材は水に濡れても滑りにくいものにする。
- 医療施設などで排泄の訓練段階のオストメイトが利用するトイレ内では、流し台近くにも緊急呼出しボタンを設置する。

衛生
- 便器まわりやオストメイト用の流し台まわりの床材は、防汚性・防臭性が高く、掃除しやすいものを選ぶ。
- 使用済みパウチ専用のごみ箱を設置する際は、消臭機能が付いたものとする。
- 流し台まわりには強力な換気設備を導入することで、オストメイトが臭気を気にすることなく利用できるよう配慮する。
- 一般トイレブース内に設置する簡易型の"オストメイトブース"内には、手洗い器を併せて設置する。

快適さ
- 居住系施設ではパウチ交換やストーマ周辺の洗浄作業などをするため、トイレの滞在時間が長くなる。座った状態で作業できるような設備の導入も検討する。
- 居住系施設のトイレでは、長時間のトイレ利用に配慮し、落ち着けるインテリアなども導入するとよい。

使いよさ
- 施設用途に合わせて、オストメイト用トイレを計画する。
- 流し台まわりにはストーマ装具などを置ける物置き台を設置する。
- 洗浄ノズル付きの便器を導入する際は、その旨を伝えるわかりやすいサインを併せて設置する。
- 一般トイレ内にオストメイト対応ブースを設置する場合は、専用の換気設備と併せて手洗い器を設置する。
- 多機能トイレに流し台を設置する場合は、併せて着替えが可能な折りたたみ式ベッドを設置する。

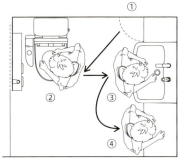

① 棚の中に収納しているストーマ装具を取り出し、カウンターの上に準備する
② パウチに溜まった排泄物を便器に捨てる
③ シャワー付き洗面台で、身体（腹壁）から面板を外し、ストーマ周辺を洗浄する
④ カウンターで新たな面板とパウチを装着する

図20　ストーマケアに伴う住宅のトイレ内での動き

ストーマ装具を収納する棚。併せて使用済みパウチを捨てるごみ箱も収納できるようにする。

お湯の出るシャワーヘッドの手洗い器。ここでストーマ周辺の洗浄を行う

パウチの装着を確認するための大きな鏡

ストーマ装具の準備や、新たなパウチを装着するためのカウンター

洗面台とカウンターは、便座と同じ高さにする。

同じ高さ

掃除しやすく防水性のある床材

キャスターが付いた低いいす。ストーマケアに時間がかかるため、このいすに座って作業をする。

便座高さにそろえた洗面台
高さをそろえることで、いすに座った状態でストーマケアができる。

図21　居住系施設のオストメイト対応トイレのデザイン提案と配慮事項
座った状態でパウチ交換やストーマ周辺の洗浄作業ができるように配慮したトイレ

図22 施設用途に合わせたオストメイトトイレの種類

扉が閉まっているとき

扉が開いているとき

図23　公共施設のオストメイト対応トイレのデザイン提案と配慮事項

肢体の不自由な人のトイレ計画・デザイン

安全・安心
- トイレに時間を要する人がおり、かつ、おしりの感覚が弱い人もいるので、暖房便座による低温火傷に配慮した温度設定とする。
- 緊急呼出しボタンを複数設置する。
- 床材は水に濡れても滑りにくく、かつ転んでもあまり痛くない素材のものを選ぶ。
- 水に濡れやすい部分に敷くマットは、逆につまずきや車いすの車輪の引っ掛かりの原因となるので避ける。

衛生
- 介助が必要な人が利用する施設のトイレは、掃除のしやすさに配慮する。
- 紙おむつ使用の人が利用する施設のトイレは、消臭機能付きごみ箱を設置する。
- 座ったままで手が洗えるよう、便器の横には手洗い器を設置する。

快適さ
- 居住系施設などのトイレでは、長時間のトイレ利用に配慮し、落ち着けるインテリアなども導入するとよい。
- 体温調節が難しい人もいるので、季節に応じてトイレ内の温度調節が可能な設備を導入する。
- 介助が必要な人の中には、用を足す際は一人を希望する人もいるため、多機能トイレ前には介助者が待てる空間をつくる。

使いよさ
- 便器の前方と側方には車いすで近づける広さを確保する。
- 使用する車いすによって動作に必要な寸法が異なることを理解し計画する。
- 多機能トイレは一般に、介助者同伴で利用することを前提とし、車いすを置くスペースと介助者が動くスペースを確保する。
- 多機能トイレ内で紙おむつ交換ができる機能を設置する場合は、トイレ利用者の荷物が置ける場所をベッドまわりに確保する。
- 長時間の排便時に考慮し、サイド手すりや便器には背もたれなど、身体を保持する機能を設置する。
- 指先が不自由な人が力を入れなくても操作できる、扉や鍵を含む設備を導入する。

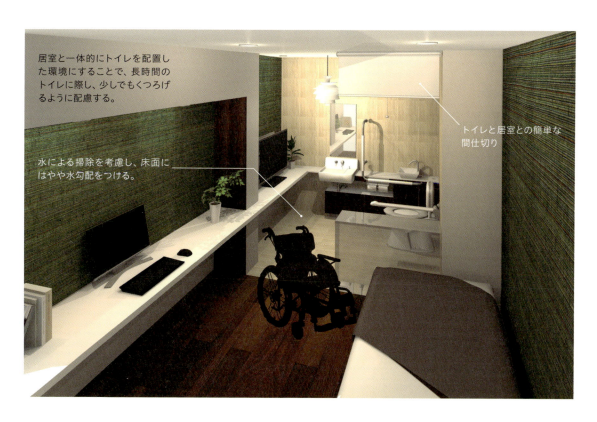

図24 肢体不自由者対応の居住系トイレのデザイン提案と配慮事項

介助者のトイレ内の待機場所
便器への移乗や衣服の着脱の介助が必要な人が用を足しているときは、カーテンを閉めることで、介助者の目線を遮ることができる。

介助者のトイレ外の待機場所
介助が必要な人の中には、用を足す際は一人を希望する人もいる。多機能トイレ前に専用の待機場所があることで、トイレ内から呼ばれるまでは、ゆっくりと待つことができる。複数の同伴者がいる場合も同様である。また、待つ人がいることで"使用中"であることがわかるため、鍵を閉めていないことを心配する必要もない。
（イオンレイクタウン、埼玉県／設計：NATS環境デザインネットワーク）

図25　同伴者の待機場所の考え方と配置
複数の同伴者と利用する用途の施設では、トイレにやや時間がかかるため、多機能トイレの近くに待機場所を設置することも考えられる。
（イオンレイクタウン、埼玉県／設計：NATS環境デザインネットワーク）

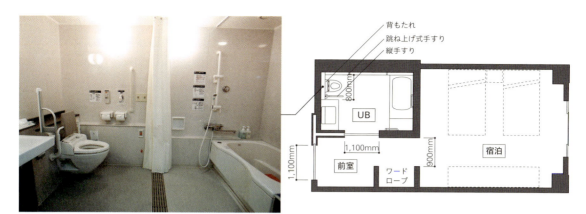

車いす使用者に対応した宿泊室のユニットバス
便器とバスタブの間の広さが確保されていることで、車いすから便座への移動が可能となる。

図26 車いす使用者に対応した宿泊室
(国際障害者交流センター「ビッグ・アイ」、大阪府)

重度肢体不自由者に対応したリフト付きのトイレ
リフトレールがベッドルームからトイレ、バスタブへとつながっている。トイレを利用する際、ベッドから車いす、そして便器へと移乗する必要がなくなる。

トイレからベッドルームまで続くリフトレール

図27 重度肢体不自由者に対応したリフト付きの宿泊室
(国際障害者交流センター「ビッグ・アイ」、大阪府)

8 目の不自由な人のトイレ計画・デザイン

安全・安心
- 足と白杖で確認しながら歩くため、水に濡れても滑りにくい床材にする。
- 形状が水洗ボタンと明確に異なるひも付きの緊急呼出しボタンを設置する。
- 指を挟んだりしないよう、複雑な動きをするブース扉はなるべく避ける。
- 弱視者のトイレ内でのぶつかりを防ぐため、壁と扉、腰壁と便器などの違いがわかるようコントラストのある環境にする。

衛生
- 手や足、白杖によってトイレ内の空間情報を得るため、清潔を保つ。
- 視覚障害者の利用の多い施設のトイレは、特に床掃除のしやすさを考慮する。
- 手をかざすタイプの自動水洗の場合、視覚障害者には正確な場所で手をかざすことが難しく、確実に自身で水を流せるようにするため、水洗はボタン式などにする。

快適さ
- 居住系施設のトイレでは、利用者が好む香りのものを置くことで、直感的にトイレの場所を伝えることができるとともに、トイレ環境での心地よさを演出できる。
- 公共施設のトイレでは、入口からトイレブースへ行く人と、トイレブースから手洗いコーナーや、女性トイレではパウダーコーナーに行く人との動線が交差しないように配慮し、視覚障害者が人とぶつからないようにする。

使いよさ
- 各階の男性トイレと女性トイレの入口の並び順を統一する。
- 公共施設のトイレ入口前に、トイレ内部の配置が事前にわかる音声案内や触知案内図と併せて、弱視者にも見やすい配置図を提供する。
- トイレブース内の設備を簡素化し、水洗ボタンやペーパーホルダー、手すりなどの配置はJISにもとづいたものにする。
- 手洗い器や小便器の立ち位置を示すため、足で踏んだときの感触の異なる床材の敷設や、光を床面に落とすなどの工夫をする。
- 白杖を立てかける場所を便器まわりにつくる。

指先で伝いながら移動するための"指誘導サイン"

柔らかいタイルカーペットと硬い磁器タイルの貼り分けによる触覚誘導

写真28　点字ブロックを敷設しにくい施設での誘導方法例
硬い床材と柔らかい床材を貼り分けた、足裏の触覚を活用した誘導ライン。コントラストを付けて弱視者にも有効な誘導ラインにしている。
（イオンレイクタウン、埼玉県）

写真29　目線による誘導ライン
トイレの入口から内部まで距離がある場合は、目線の高さを意識したラインを奥までつなげることで、目の不自由な人も含めて簡単に誘導することができる。
（イオンモール和歌山、和歌山県）

写真30　手すりによる誘導ライン
トイレ入口から内部まで手すりを付けると、それ自体が歩行のガイドになる。
（国際障害者交流センター「ビッグ・アイ」、大阪府）

手洗い器での立ち位置を示す点字ブロック

色と突起で水と湯の違いを示す蛇口

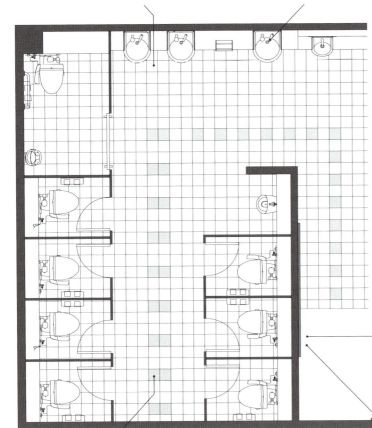

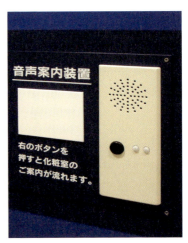

音声案内装置
視覚障害者の単独利用の多い施設などでは、入口サインの近くに音声案内装置を設置し、大まかなトイレ内部の配置を知らせる。

トイレブースへの誘導ライン
トイレ内の動線が複雑な場合、床に誘導ラインがあることで、どの場所にトイレブースがあるのかを示すことができる。

トイレ入口サイン
弱視者にも配慮して性別カラーを強調し、大きなピクトグラムを表示したトイレ入口サイン。

図31　公共施設トイレ内の視覚障害者への配慮事項

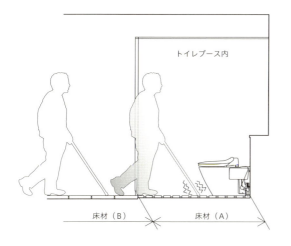

写真32 トイレブースの内外を知らせるタイルの貼り分け
白杖の先端で床をなぞると、トイレブース内部の小さいタイルの目地から細かな振動が伝わり、内部であることがわかる。

図33 公共施設の視覚障害者対応トイレのデザイン提案と配慮事項

9 耳の不自由な人のトイレ計画・デザイン

安全・安心

- トイレブースに入っていても火災などの緊急事態が視覚でわかるよう、パトライトを見える場所に設置する。
- 足音や物音が聞き取りにくいため、より防犯性に配慮する。トイレ入口前に防犯カメラやトイレブース内に緊急呼出しボタンを目立つように設置することで、抑止力を高める。

衛生

- 自動水洗の中には、少しの動きで敏感に反応し、正しいタイミングで水が流れない場合がある。音で確認できない聴覚障害者が「自動で水が流れている」という思い込みにならないよう、確実に自身で水を流せるようにするため、水洗はボタン式などにする。
- 擬音装置を設置する場合、水の音が流れている間、光が点滅するなどの、聴覚障害者にも確認できる仕様を検討する。

快適さ

- 人に尋ねることが難しい聴覚障害者にとって、わかりにくい環境や状況は心理的バリアになる。心地よくトイレを利用してもらうためには、迷いにくいトイレまでの動線やわかりやすい設備配置が求められる。
- トイレの混雑時に備えて、ほかのトイレはどこにあるのかを示すサインをトイレ入口まわりに表示する。
- 便器数の多い公共施設のトイレなどでは、混雑時にトイレ待ちのスペースが明確になるような動線を導入する。

使いよさ

- 視覚情報がすべてになるので、トイレへの誘導やトイレ入口サインはわかりやすくするとともに、情報過多にならないようにする。
- トイレブースの扉の横には、トイレブース内に設置されている設備を知らせるピクトサインを表示する。
- トイレの空き状況が全体的に見えるようなトイレブースの配置を心がける。
- 常時閉まっているトイレブースの扉の場合、施錠時を示すサインが大きくわかりやすいものを導入する。

トイレブース内の設備を示すピクトサイン

視覚からの情報収集が中心となるため、トイレを待っている段階から、トイレブース内の設備を伝えることで、利用できるトイレを選択することができる。

使用中かどうかをわかりやすく伝えるサイン

ノックの音が聞こえないため、使用中かどうかをわかりやすくする必要がある。聴覚障害者の利用が多い施設などでは、トイレが使用中でない場合、常時開放しているタイプの扉を導入し、使用中に扉を閉めると、大きく「使用中」の文字が現れるようなサインの導入が考えられる。写真は個室授乳室。

トイレブース内から見える、災害時に点滅するパトライト

トイレブースという密室空間では、災害時に警報音や緊急放送が流れても聴覚障害者にはわからないため、トイレブース内から視認可能な位置にパトライトが設置されていると、不安感を軽減することができる。

トイレ専用の案内サイン

人にトイレの場所を聞くことが難しい聴覚障害者にとって、トイレの混雑時にほかのトイレはどこにあるのかを示すサインがあると助かる。

図34　公共施設の聴覚障害者対応トイレの配慮事項

引用・参考文献

- [1)] 小野清美『女のトイレ事件簿』TOTO出版、1993
- [2)] 山本耕平『まちづくりにはトイレが大事』北斗出版、1996
- 荒木兵一郎、藤本尚久、田中直人『図解バリアフリーの建築設計 ―福祉社会の設計マニュアル』彰国社、1981
- 神戸市『身障者・老人の利用を考慮した設計マニュアル』1976
- 兵庫県『福祉のまちづくり条例に基づく施設整備マニュアル』1993
- 大阪府『大阪府福祉のまちづくり条例設計マニュアル』1993
- 田中直人『建築・都市のユニバーサルデザイン　その考え方と実践手法』彰国社、2012
- 内閣府『平成27年度版 高齢社会白書』2015
- ホリスター『オストメイトのためのガイドブック』2012
- 内閣府『平成27年版 障害者白書』2015
- 生田宗博『片麻痺 能力回復と自立達成の技術』三輪書店、2008
- 石合純夫『高次脳機能障害学』医歯薬出版株式会社、2003
- 全日本難聴者・中途失聴者団体連合会、全国要約筆記問題研究会『厚生労働省カリキュラム準拠要約筆記者養成テキスト』2014
- 加藤伸司『認知症になるとなぜ「不可解な行動」をとるのか』河出書房新社、2005
- 国土交通省「高齢者・身体障害者等の利用を配慮した建築設計標準」1994
- 国土交通省「高齢者・身体障害者等の利用を配慮した建築設計標準」2003
- 国土交通省「高齢者・身体障害者等の円滑な移動等に配慮した建築設計標準」2006
- 東陶機器「身体障害者のための設備・器具について」1977
- 伊奈製陶「医療施設・福祉施設の衛生設備」1978
- 国土交通省「高齢者、障害者等の円滑な移動等に配慮した建築設計標準」2012
- 国土交通省総合政策局安心生活政策課「多様な利用者に配慮したトイレの整備方策に関する調査研究報告書」2012
- 厚生労働省「平成12年第5次循環器疾患基礎調査」2000
- 摂南大学工学部建築学科田中研究室、日建設計「国連・障害者の十年記念施設（仮称）設計検証・評価報告書」2000
- 近畿地方整備局営繕部、摂南大学工学部建築学科教授田中直人「障害者交流施設の利用状況等調査検討資料作成業務報告書」2002
- 田中直人、老田智美「公共トイレおよび多目的トイレにおける高齢者の利用者意識 - 公共空間における多目的トイレのユニバーサルデザイン化に関する研究その3」日本福祉のまちづくり学会・第7回全国大会概要集、2004

- 老田智美「公共トイレのユニバーサルデザイン化に向けた整備手法に関する研究」学位論文、東京大学、2006
- 老田智美、上原健一、田中直人「小学校未就学児の外出先トイレ「怖がり経験」からみたトイレの利用実態 - 大型ショッピングセンターにおけるユニバーサルデザインに関する研究その1-」日本建築学会大会学術講演梗概集計画系E-1日本建築学会、2013
- 田中直人、老田智美「オストメイトの公共トイレ利用実態および意識に関する研究」日本建築学会計画系論文集No.595、2005
- 老田智美、田中直人「脳卒中片マヒ者の後遺症状からみた外出時のトイレ利用環境に関する調査 -脳卒中片マヒ者の生活環境のユニバーサルデザインに関する研究 その1-」日本建築学会大会学術講演梗概集計画系E-1日本建築学会、2011
- 上原健一、老田智美、田中直人「小学校未就学児連れ来館者の大型ショッピングセンターにおけるトイレ形態選択の要因 - 大型ショッピングセンターにおけるユニバーサルデザインに関する研究その2-」日本建築学会大会学術講演梗概集計画系E-1日本建築学会、2013
- 田中直人、老田智美、彦坂渉「高齢者居住施設へのレミニセンス事物設置による行動・心理症状の変化- レミニセンスによる認知症高齢者の感覚的行動を用いた環境整備手法に関する研究 -」日本建築学会大会学術講演梗概集計画系E-1日本建築学会、2013
- レストルーム工業会ホームページ
- 神戸市ホームページ
- PROJECT LIXIL ホームページ
- ミキ ホームページ
- 日本オストミー協会ホームページ
- ホリスター ホームページ
- TOTO・COM-ETホームページ
- LIXIL ホームページ
- 日本眼科医会ホームページ
- 日本眼科学会ホームページ
- 日本小児眼科学会ホームページ
- 日本工業標準調査会ホームページ
- 全日本難聴者・中途失聴者団体連合会ホームページ

索引

あ アームレスト ………… 18
アクセスのしやすさ …… 10
アコーディオン型 ……… 19
足元換気扇 …………… 79
アプローチ …………… 14
アメニティ空間 ………… 22
アメニティトイレ ……… 21
暗順応 ………………… 48
安全・安心 …………… 12
案内サイン ……… 10、89
異性介助 29、46、56、59
異性介助者 …………… 60
異性同伴者 …………… 50
一体 …………………… 69
一体化 ………… 71、72、74
一般トイレ …… 16、23、44、46、47、50、78
一般便房 ……………… 15
移動便所 ……………… 8
医療施設 ……………… 78
イレオストミー ………… 37
運動機能 ……………… 42
運動機能障害 ………… 41
衛生 …………………… 12
液状便 ………………… 37
S状結腸ストーマ ……… 37
エレベーター ………… 14
横行結腸ストーマ ……… 37
黄濁化 ………… 34、48、72
幼い子ども ……… 31、66
オストメイト ……… 37、56、58、76
オストメイト仕様 ……… 58
オストメイトブース …… 76
オストメイトマーク … 39、40
オストメイト用の流し台
………………… 39、56、76
お年寄り ………… 34、72
おむつ替え ……… 11、28
おむつ替えコーナー …… 71
おむつ替え台 ………… 56
おむつ交換 …………… 31
おむつ用ごみ箱 ……… 70
親子連れ ………… 31、32
親子トイレ … 32、66、69、70
折りたたみ式簡易ベッド
……………………… 47
折りたたみ式ベッド … 76、78
温水洗浄 ……………… 35
温水洗浄便座 ………… 12
音声案内 ……… 50、84

音声案内装置 ………… 86

か カーテン ………… 29、82
カーテン型 …………… 19
介護 …………………… 12
介助 …………………… 43
介助者 ………………… 45
介助者が待つ空間 …… 80
改正ハートビル法 … 17、19
回想法 ………………… 73
快適さ ………………… 13
快適性 ………………… 11
開放型 ………………… 37
学童 …………………… 22
下行結腸ストーマ ……… 37
仮設トイレ …………… 26
片側配置型 …………… 17
片麻痺 ………………… 46
可動式 ………………… 22
可動手すり …………… 17
紙おむつ …… 47、72、80
粥状便 ………………… 37
加齢 ………… 34、48、50、72
加齢黄斑変性 ………… 48
加齢白内障 …………… 48
簡易型 ………………… 17
簡易型機能 …………… 20
簡易ベッド …………… 47
換気機能 ……………… 66
換気設備 ………… 76、78
監視性 ………………… 29
完全個室トイレ ……… 56
幹線通過型 …………… 26
患側 …………………… 46
浣腸 …………………… 41
擬音装置 …… 35、52、88
着替え …………… 11、28
基礎的基準 …………… 16
汚い …………………… 9
キッズトイレ ………… 21
機能性 ………………… 11
機能分散 ……………… 20
休憩エリア …………… 62
求心性狭窄 …………… 48
共用 …………………… 23
共用トイレ …………… 16
筋機能 ………………… 34
緊急時 ………… 39、55
緊急放送 ……………… 55
緊急ボタン …………… 62
緊急呼出しボタン …… 80、84、88
空間認識 ……………… 51
臭い …………………… 9

靴べら式 ……………… 18
くみ取り式 …………… 26
くみ取り式仮設トイレ … 25
くも膜下出血 ………… 46
暗い …………………… 9
車いす ………… 42、46
車いす使用者向けトイレ
………………… 14、15
車いす使用者用便房 … 16、19
車いす対応のスペース … 22
車いすを使用 ………… 14
クローズタイプ ……… 38
軽中度難聴 …………… 53
軽度難聴 ……………… 53
警報音 ………………… 55
化粧直し ………… 11、28
血管機能 ……………… 34
欠損 …………………… 51
月齢・年齢 ……… 31、66
玄関 …………………… 14
健常高齢者 …………… 56
健常非高齢者 ………… 56
健側 …………………… 46
小上がり ……………… 45
後遺症 ………… 46、56
交換方法 ……………… 40
公共下水道接続型仮設トイレ
………………………… 25
公共トイレ …… 8、21、24
公衆トイレ …………… 8
高度難聴 ……………… 53
肛門括約筋 …………… 41
高齢障害者 …………… 56
コーナーガード ……… 66
呼吸器 ………………… 34
国際リハビリテーション協会
………………………… 14
固形便 ………………… 37
腰掛式便器 …………… 18
個室授乳室 …………… 71
誤操作 ………………… 35
子育て ………………… 28
骨格 …………………… 34
固定式 ………………… 22
固定手すり …………… 17
子ども・子連れ対応 … 22
子ども専用トイレ …… 68
子どもトイレ ………… 33
子ども用トイレ ……… 67
鼓膜 …………………… 53
困った経験 …………… 54
コロストミー ………… 37
怖い …………………… 9

怖がる原因 …………… 33
混雑 …………………… 54
混雑時 ………………… 88
コントラスト … 34、50、51、72、75、79、84、87

さ サービスエリア …… 62、65
サービス施設 ………… 24
坐位 …………………… 45
災害 …………………… 25
最低基準 ……………… 14
サイド手すり ………… 80
採便袋 ………… 37、38
サイン ………………… 60
サイン計画 …………… 23
サニタリーボックス …… 36、47、62
座面高さ ……………… 45
左右対称 ………… 43、46
残存能力 ……………… 50
ジェットタオル … 33、66
死角 …………… 29、62
視覚 …………………… 34
視覚機能 ……………… 53
視覚障害者 … 22、48、50、52、84
色覚 …………………… 48
色覚異常 ……………… 51
磁器タイル …………… 85
自走用車いす ………… 42
肢体の不自由な人 …… 41
肢体不自由 …………… 41
肢体不自由者 ………… 56
失敗経験 ………… 40、41
自動化 ………… 22、23
自動水洗 ……… 33、52、66
自動洗浄機能便器 …… 12
視認性 ………………… 51
市民トイレ …………… 25
視野 …………………… 48
弱視者 … 49、50、60、84、86
視野障害 ……………… 48
シャワー ……………… 39
シャワー付き洗面台 … 77
シャワーヘッド ……… 77
集中導入 ……………… 59
重度肢体不自由者 …… 47
重度難聴 ……………… 53
羞明 …………… 48、51
宿泊施設 ……………… 39
宿泊室 ………………… 83
樹脂成形技術 ………… 23
授乳 …………………… 22

| 授乳コーナー ……… 71
| 授乳室 ………… 21、66
| 障害者専用 ………… 32
| 障害者専用トイレ … 15、32
| 障害者のための国際シンボルマーク ……………… 14
| 商業施設 …………… 29
| 上行結腸ストーマ …… 37
| 消臭機能 …… 66、76、79
| 消臭機能付きごみ箱 … 72、80
| 小便器 ……… 21、62、64
| 情報収集 …………… 49
| 条例 ………………… 15
| 触知案内 …………… 84
| 触知案内板 ………… 50
| 女性 …………… 28、62
| 女性対応 …………… 22
| 女性トイレ … 11、22、28、60
| 触覚誘導 …………… 85
| 視力 ………………… 48
| 視力障害 …………… 48
| 人員密度 …………… 30
| 心機能 ……………… 34
| シンク …………… 36、72
| 神経因性膀胱 ……… 44
| 人工肛門 …………… 37
| 人工膀胱 …………… 37
| 新材料技術 ………… 23
| 身体機能 …………… 34
| 振動 ………………… 87
| 心理的・物理的なバリア
| …………………… 49
| 心理的バリア … 10、36、88
| 随意筋 ……………… 44
| 水洗ボタン …… 50、52、84
| ストーマ …………… 37
| ストーマケア …… 40、77
| ストーマ装具 …… 37、38、76、79
| スライド法 ………… 49
| スロープ …………… 14
| 性的少数者 ……… 29、56
| 正のイメージ ……… 12
| 性犯罪防止 ………… 29
| 性別カラー ……… 50、51
| 整列ライン ………… 55
| 脊髄構造 …………… 42
| 脊髄神経 …………… 42
| 脊髄損傷 ………… 41、42
| 切断 ………………… 41
| 設置場所 …………… 10
| 背もたれ ………… 80、81

| 洗浄装置 …………… 22
| 洗浄ノズル付きの便器 … 76
| 洗浄ボタン ………… 35
| 洗腸 ………………… 41
| 先天赤緑色覚異常 …… 51
| 前方移乗者等仕様 …… 59
| 前方手すり ……… 46、75
| 全盲者 ……………… 49
| 専用 …………… 16、23
| 側方移乗者等仕様 …… 59
| 外開き戸 …………… 18

た 体温調節 ……… 34、80
| 待機場所 …………… 82
| 滞在時間 …………… 60
| 大便器 ……………… 21
| タイルカーペット …… 85
| 多機能化 …………… 11
| 多機能トイレ …… 16、20、23、29、32、46、47、50、56、58、60、78
| 多機能トイレブース … 58
| 多機能便房 … 16、20、58
| 立ち位置 …… 66、67、84
| タッチテクニック …… 49
| 縦手すり ……… 44-46、72
| 多目的トイレ ……… 16
| 多様化 ……………… 58
| だれでもトイレ …… 24
| 単純化 ……………… 22
| 男女共用 …………… 56
| 男女共用空間 ……… 29
| 男女共用仕様 ……… 58
| 男女"共用"トイレ … 56
| 男女別 ………… 8、28
| 男女"別"トイレ …… 56
| 断水 ………………… 25
| 男性 …………… 28、62
| 男性トイレ … 11、22、28、36、60
| 暖房便座 …………… 80
| 地域性 ……………… 11
| 蓄尿袋 ……………… 44
| 着脱 …………… 31、46
| 中央配置型 ………… 17
| 中高度難聴 ………… 53
| 中心暗点 …………… 48
| 聴覚 ………………… 34
| 聴覚障害者 …… 53、54、56
| 貯留型 ……………… 26
| 貯留弁 ……………… 26
| ツーピースタイプ … 37、38
| 通路・廊下 ………… 14
| 杖 ……………… 46、72

| 使いよさ …………… 13
| つかまりおむつ替え台 … 70、71
| 伝い歩き …………… 31
| つまずき …………… 72
| 手洗い器 …………… 80
| D型 ………………… 51
| 低温火傷 …………… 80
| 低視力 ……………… 48
| ディスペンサー …… 52
| 出入口 ………… 14、18
| 手押し車 …………… 72
| 適正器具数 ………… 30
| 適正個数算定法 …… 30
| 摘便 ………………… 41
| 手すり …… 17、22、60、84
| 手すり付きの小便器 … 46
| 点字ブロック … 50、60、86
| 電動車いす ………… 42
| トイレ移乗 ……… 43-45
| トイレ入口 … 10、49、50、60、63
| トイレ入口サイン … 86、88
| トイレ介助 ………… 46
| トイレ機能 ………… 58
| トイレサイン …… 16、60
| トイレトレーニング … 66
| トイレ内設備 ……… 35
| トイレブース …… 30、59
| トイレブースの扉 … 66
| トイレ方法 … 31、43、44、46、47
| 統一化 ……………… 52
| 動線 …………… 54、60、88
| 糖尿病網膜症 ……… 48
| 同伴者 ………… 50、82
| 特殊トイレ ………… 83
| 特殊浴室 …………… 83
| ドレインタイプ …… 38

な 内部レイアウト …… 50
| 斜め配置型 ………… 17
| 難聴 ………………… 53
| 軟便 ………………… 37
| 荷物 ………………… 23
| 乳児 ………………… 31
| 乳児・幼児 ………… 22
| 乳児期 ……………… 31
| 乳幼児連れ ……… 11、30
| 尿失禁 ……………… 44
| 尿閉 ………………… 44
| 尿漏れナプキン …… 47
| 尿漏れパッド ……… 36
| 尿路ストーマ ……… 37

| 認知機能 …………… 34
| 認知症 ……………… 72
| ネットワーク化 …… 24
| 粘着剤 ……………… 37
| 脳・神経 …………… 34
| 脳梗塞 ……………… 46
| 脳出血 ……………… 46
| 脳性麻痺 ………… 41、44
| 脳性麻痺者 ………… 45
| 脳卒中 ……………… 46
| 脳卒中片麻痺 ……… 41
| 脳卒中片麻痺者 …… 46
| ノズル付き便器ブース … 78
| ノックの音 ………… 54

は ハートビル法 …… 16、17、19、20
| バイオトイレ ……… 26
| 排出体勢 …………… 39
| 配色 ………………… 52
| 排泄機能 ………… 36、72
| 排泄行為 ………… 10、11
| 排泄コントロール … 36
| 配置 …………… 23、60
| 配置計画 ……… 15、29
| 排尿機能障害 ……… 41
| 排尿系後遺症状 …… 47
| 排便機能障害 ……… 41
| 排便促進剤 ………… 41
| 排便方法 …………… 41
| 配列 ………………… 52
| パウダーコーナー … 21、28、30、62
| パウチ …… 37、38、76、78
| パウチをすすげる蛇口 … 39
| 白杖 ………… 49、84、87
| 白杖立て …………… 87
| 白杖による伝い歩き … 49
| 白濁化 ……… 34、48、72
| 白内障 ……………… 51
| パトライト …… 55、88、89
| 跳ね上げ式のサイド手すり
| …………………… 43、81
| 幅広ブース ………… 59
| バリアフリー法 …… 8、17、19、20
| バリアフリールーム … 39
| パンツタイプのおむつ … 71
| ハンドシャワー …… 18
| ハンドリム ………… 44
| 半盲 ………………… 48
| P型 ………………… 51
| 光感知式 …………… 18
| 引き算のデザイン … 35

引戸 …………… 18、75	ベビーシート ……… 17、28、30、32、59	網膜 ……………… 51	ら ライニング …… 62、64、73、79
ピクトグラム ……… 16、29、51、86	ベビーベッド …………… 66	モデルトイレ …… 11、21	リーディングライン …… 55、60
ピクトサイン ………… 88	便器位置 ……………… 43	や 野外排泄 ……………… 26	リクライニングタイプの車いす …………… 42、47
非常用ボタン ………… 75	便器数 …………… 30、62	夜盲 …………………… 48	立位 …………………… 45
左利き用ブース ……… 46	便座クリーナーディスペンサー ……………… 35	有人化 ………………… 25	リニューアルブーム …… 11
泌尿器系 ……………… 34	ベンチコーナー ……… 69	優先 …………… 16、23	リバーストイレ ……… 65
泌尿器系機能 ………… 36	便房 …………………… 18	誘導 …………… 49、60	リフト付きのトイレ …… 83
皮膚保護剤 ……… 37、38	防汚性・防臭性 …… 66、72、76	誘導案内 ……………… 53	リフトレール ………… 83
標準化 ………………… 22	膀胱・直腸の機能障害 … 37	誘導サイン …………… 60	両眼 …………………… 48
標準仕様 ……………… 58	防水処理 ………… 36、74	誘導的基準 …………… 16	利用時間 ……………… 30
標準ブース …………… 58	防犯 …………………… 62	誘導歩行支援 ………… 60	利用集中 ………… 20、47
広めのトイレ ………… 16	防犯カメラ ……… 62、88	誘導ライン …… 60、85、86	利用人員 ……………… 30
ブース扉 ……………… 84	防犯設計指針 ………… 12	誘目性 ………………… 60	緑内障 …………… 48、51
フォーオール ………… 14	防犯ランプ …………… 63	有料化 ………………… 25	歴史的変遷 …………… 12
付加行為 ……………… 30	ポータブル …………… 25	床置式ストール ……… 15	聾 ……………………… 53
福祉施設 ……………… 78	歩行訓練 ……………… 49	床式トイレ …………… 45	ロービジョン ………… 49
福祉のまちづくり条例 …………… 15、17、19	歩行能力 ……………… 34	ユニットトイレ ……… 25	
福祉用具 ……………… 42	ボタン類 ……………… 52	ユニットバス ………… 83	わ わかりやすさ ………… 10
腹壁 …………………… 37	補聴器 ………………… 53	ユニバーサルデザイン … 3、10	和式便器 ……………… 21
不随意運動 …………… 45	ま マイナスイメージ …… 28	ユニバーサルトイレ … 3、13	ワンピースタイプ … 37、38
プッシュアップ ……… 43	待ち空間 ……………… 54	指誘導サイン ………… 85	
フットレスト ………… 43	待ちスペース ………… 62	要介助者 ……………… 45	A Comfort ……………… 13
物理的バリア ………… 10	右利き用ブース ……… 46	幼児 …………………… 31	Health ………………… 13
負のイメージ ………… 12	密室空間 ……………… 55	幼児期 ………………… 31	JIS …………… 42、52、84
プライバシー … 9、10、12、19、28、54	見守り ………… 12、66	洋式便器 ……………… 21	Kitanai ………………… 9
フラッシュバルブ …… 18	見守りトイレ ………… 68	幼児連れ仕様 ………… 59	Kowai ………………… 9
分散化 ………………… 58	耳の不自由な人 …… 53、88	幼児用小便器 ………… 28	Kurai ………………… 9
分散導入 ……………… 59	明順応 ………………… 48	幼児用トイレブース … 67	Kusai ………………… 9
閉鎖型 ………………… 37	メイン通路 …………… 60	幼児用便器 …………… 32	LGBT ……………… 29、56
閉鎖的 ………………… 12	目の不自由な人 … 48、60、84	幼児を連れている人 … 31	Safety ………………… 13
ペーパーホルダー …… 18、46、52、72、84	面板 ……………… 37、38	横手すり …… 43、45、46、72	Usability ……………… 13
ベビーカー ……… 66、70	メンテナンス …………… 9	呼出しボタン … 35、52、72	
ベビーキープ ……… 28、32、44、62、66	盲 ……………………… 49	呼出しランプ ………… 82	
		4K ………… 9、11、12、21	

おわりに

　公共トイレのユニバーサルデザイン化の代表格として多機能トイレがあります。多機能トイレの"多機能化"により、多様な属性の人々の利用が可能になった一方で、利用率も高くなり、施設によっては常に"使用中"というところもあります。この問題について、過去、筆者らは、日本建築学会において一般トイレも含めた「機能分散」の必要性を提案しました。以降、多機能トイレのあり方を見直す動きも加速されましたが、今日なお、ユニバーサルデザインとしての課題はあります。

　年月の移り変わりとともに、新たな視点や条件が生まれ、考え方も変化します。高齢化を背景に増加する「高齢障害者」とそれに伴い発生するトイレの「異性介助」。そして「LGBT」と称される性的少数者など、性に対する考慮の必要性もある現在、公共トイレの「男女共用化」という視点も検討すべき時にきていると思います。トイレのユニバーサルデザインは常に変化するものといえます。

　本書を執筆するにあたり最初に決定したのが、書名「ユニバーサルトイレ」でした。そして執筆後、最後に決定したのが、副題「多様な利用者のための環境デザイン手法」です。本書は、筆者らのこれまでの一連のプロセスを経て、研究と実践のはざまで培った成果を、"途中の道標"として紹介したものです。本書で紹介している事例は、筆者らによるものが大半ですが、その実現には多くの関係者の知見、ご協力に負うところが大きく、あらためて厚く感謝申し上げます。今後も、ユニバーサルデザインとして、多様な属性の人々をより理解し、利用者はもちろん、多くの関係者とともにスパイラルアップしていくことを目指したいと思います。

2017年1月

田中直人

老田智美(おいだ　ともみ)

神戸芸術工科大学芸術工学部環境デザイン学科卒業。摂南大学大学院工学研究科社会開発工学課程修了。大学・大学院では、田中直人教授の研究室にてバリアフリー・ユニバーサルデザインを学ぶ。2006年 東京大学にて博士(工学)の学位を取得。都市再開発コンサルタント、兵庫県立福祉のまちづくり研究所研究員を経て、株式会社NATS環境デザインネットワーク代表取締役、1級建築士。高齢者や障害者を取り巻く生活環境に関するテーマを中心に研究活動を行う傍ら、そこで得た知見を設計業務やユニバーサルデザイン監修業務に反映させている。著書に、『福祉のまちづくりキーワード事典―ユニバーサル社会の環境デザイン』(学芸出版社/共著)

田中直人(たなか　なおと)

大阪大学工学部建築工学科卒業。東京大学大学院工学系研究科建築学専門課程修了。神戸市にて福祉のまちづくり、ニュータウン開発などの計画およびデザインを担当後、神戸芸術工科大学教授、摂南大学教授を経て、島根大学大学院総合理工学研究科特任教授。博士(工学)、1級建築士。各地でユニバーサルデザインに関する委員会活動などに携わる傍ら、建築・都市デザインのプロジェクトや、施設の設計や環境デザインに携わる。主な著書に、『五感を刺激する環境デザイン－デンマークのユニバーサルデザイン事例に学ぶ』(彰国社/共著)、『福祉のまちづくりキーワード事典－ユニバーサル社会の環境デザイン』(学芸出版社/編著)、『ユニバーサル サイン－デザインの手法と実践』(学芸出版社)、『建築・都市のユニバーサルデザイン－その考え方と実践手法』(彰国社/2014年度日本建築学会著作賞)など。

ユニバーサルトイレ　多様な利用者のための環境デザイン手法
2017年3月10日　第1版　発　行

著　者	老田智美・田中直人
発行者	下　出　雅　徳
発行所	株式会社　彰　国　社

162-0067 東京都新宿区富久町8-21
電話　03-3359-3231 (大代表)
振替口座　00160-2-173401

著作権者との協定により検印省略

自然科学書協会会員
工学書協会会員

Printed in Japan

© 老田智美 (代表)　2017年

ISBN978-4-395-32087-5　C3052

印刷:壮光舎印刷　製本:中尾製本

http://www.shokokusha.co.jp

本書の内容の一部あるいは全部を、無断で複写(コピー)、複製、および磁気または光記録媒体等への入力を禁じます。許諾については小社あてご照会ください。